Travel to the edge of time and space

人类宇宙

U0158741

旅行到
时空边缘

李德范 ★ 著

冲出
太阳系

北京时代华文书局

图书在版编目（CIP）数据

旅行到时空边缘. 冲出太阳系 / 李德范著 . -- 北京：北京时代华文书局，2023.10
ISBN 978-7-5699-5045-8

Ⅰ.①旅… Ⅱ.①李… Ⅲ.①宇宙－起源－普及读物 Ⅳ.① P159.3-49

中国国家版本馆 CIP 数据核字 (2023) 第 176794 号

Lüxing Dao Shikong Bianyuan : Chongchu Taiyangxi

出 版 人：陈　涛
策划编辑：邢　楠
责任编辑：邢　楠
装帧设计：孙丽莉　段文辉
责任印制：刘　银　訾　敬

出版发行：北京时代华文书局 http://www.bjsdsj.com.cn
　　　　　北京市东城区安定门外大街 138 号皇城国际大厦 A 座 8 层
　　　　　邮编：100011　电话：010-64263661　64261528

印　　　刷：三河市嘉科万达彩色印刷有限公司
开　　　本：787 mm×1092 mm　1/16　　　成品尺寸：165 mm×235 mm
印　　　张：8.5　　　　　　　　　　　　　字　　数：85 千字
版　　　次：2023 年 12 月第 1 版　　　　印　　次：2023 年 12 月第 1 次印刷
定　　　价：118.00 元（全三册）

自 序

　　20世纪90年代初，我从河南的一个偏远农村考入了北京师范大学天文系。我的想法很简单，也很真实：探索宇宙奥秘及人生的意义。几乎每一个少年都有过这样的梦想，我决定把它坚持下去。

　　毕业那年，河南省妇女儿童活动中心天文馆刚好建成，大公无私的中心主任刘锦鸿希望找一个专业人员主持天文馆工作。他一路辗转，从北京天文馆找到北师大天文系，于是我得以从事天文教育工作。直到今天，我依然对这件事情感到稀奇。因为在好多年里，我大概是北师大天文系唯一的河南籍学生，而这个天文馆也是河南省唯一对公众开放的天文馆。

　　2001年，河南财经政法大学教务处的随新玉处长找到我，希望我在学校开设天文学选修课，这在当时的河南高校中是罕有的，他还很慷慨地给了我一个研究员的聘书。这样，我的工作和教学对象覆盖了从幼儿园到大学生以至成年人的全部社会群体。这是一个挑战，我需要思考不同群体的需求。但我很喜欢，因为我的星空之梦得以继续。在天文馆，我不断地制作出新的天象节目来，在全国数百所天文馆里，它是少有的能够一直坚持开放的一个。在大学，我最初是战战兢兢地走上讲台，几年之后，天文学便成为学生喜爱的知名选修课，每年选课人数达 2000 人。

天文教育工作使我能够保持对宇宙持续不断的学习和思考。我越来越能理解，为什么自古以来世界上有那么多最智慧的人醉心于探索宇宙的奥秘。宇宙太大，太神秘，它能够提供给人非凡的心灵满足与欢乐，而这是人世间的财富所不能给的。

自古以来，地球上有无数哲人渴望明白宇宙的奥秘，却很难有机会得到满足。比如南宋著名思想家朱熹，在五六岁的时候就在思考：大地的四边之外是什么？那时的宇宙观是天圆地方，大地有四个边。朱熹听到有人说大地的四方没有边，他感到很怀疑，思量须有个尽处，但尽头的外面又是什么？童年的朱熹思考这个问题几乎成病。到67 岁写回忆录时，他依然困惑如初。

从某种意义上说，我们是幸运的。即使是一个初学者，只有肯花上很少的时间，就能搞明白很多早期思想家困惑终生的难题。甚至是他们闻所未闻、想所未想的宇宙奥秘，在今天也都成了常识。因为宇宙展现出的宏伟图景超越了有史以来所有人的思考和想象。作为一个现代人，如果对激动人心的成就一无所知，就真的成了庄子《逍遥游》里所说的听力正常的聋子和视力正常的瞎子，心甘情愿地把自己囚禁在柏拉图式的黑暗地穴里，任由自己错失这无边宇宙的无限风光。

作为一名天文教育工作者，引领人们欣赏宇宙的大美，既是职责所在，更是一件快乐的事情。本书就是这样一个成果，它将带领读者，来一场穿越浩瀚时空的全景式探秘之旅。

全书共分三部分。

第一部分：冲出太阳系。我们沿着古代探索者的足迹，从行星的顺行逆行开始，一步步构建起地心体系，再上升到日心体系，完成人类认识宇宙的一次巨大飞跃。继而冲出太阳系，进入浩瀚的星辰大海。

第二部分：星辰大海。借助于造父变星这个有力的量天尺，我们得以走出银河帝国，畅游连绵不绝的宇宙岛——河外星系，继而欣赏空间膨胀的壮丽景象，追溯到时间的起初。

第三部分：万物创生。我们调转时间之箭，从源头走来。138亿年前的大爆炸开启了万物创造的辉煌诗史，从氢原子和氦原子，到恒星发光，从超新星爆发到重元素的锻造，最终宇宙编码出了以碳原子为基础的生命，并为它们造就了太阳系这样一个完美的宇宙生命保障系统。

李德范

2023 年 9 月

目录

第1章
顺行与逆行的故事

行星在天空前进和后退，竟然影响了无数人的命运。

向东进发

公元前 1048 年，夏日一天的后半夜，一颗大星从东方地平线上冉冉升起。这颗星明显与众不同，它发出醒目的光芒，明亮却不闪烁，显得庄严而肃穆。这颗星是木星，中国古代又称其为岁星，西方人把它看作罗马神话中的众神之王——朱庇特。

木星是一颗行星，它总是慢悠悠地在黄道星座中漫步，从一个星座移到另一个星座。这年夏天，木星一直坚定地沿双子座（井宿）自西向东前进。等到秋天来临时，它已经走到了双子座的东部边缘。双子座的东边是巨蟹座，按照这个势头，深秋之时，木星将东移进入巨蟹座。在中国古代，巨蟹座这片星空被称为鬼宿，是二十八宿之一。（见图 1-1）

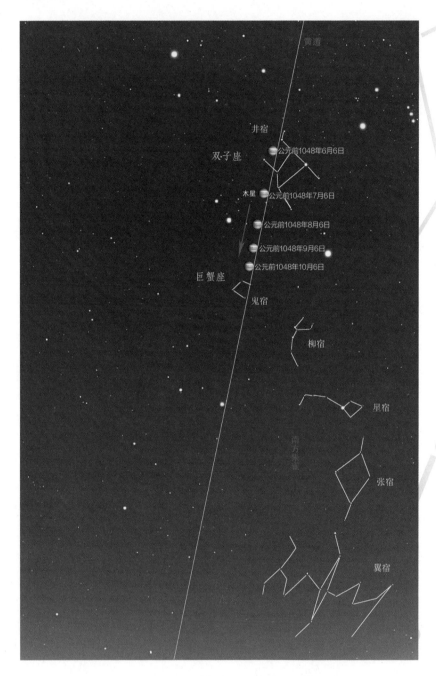

图 1-1　公元前 1048 年木星在黄道星座中的移动

木星的行踪让周武王备感振奋。三年前，武王的父亲，立志讨伐商纣王的周文王去世，他继承父志，一边守孝，一边积蓄力量。这年秋天，守孝期满，农忙也过去了，武王组织起军队，开始了伐纣的战争。

军队沿着黄河向东进发，拂晓前正好迎着东方天空熠熠生辉的木星。日子一天天过去，木星离鬼宿（巨蟹座）越来越近，武王的信心也越来越高涨。看哪，东方地平线上，一只吉祥大鸟正缓缓跃出，迎接木星的到来。那是一只红色的雀鸟——由柳宿、星宿、张宿、翼宿等组成的朱雀，木星犹如一颗璀璨的明珠，即将被衔入口中。

武王无比激动，感谢上天垂示吉祥的天象，把天命转移到周人身上。武王心头浮现出 11 年前那次极为奇特的天象——凤鸣岐山。

凤鸣岐山

在遥远的古代，人们就注意到天上的星星可以分为两类：

一类占大多数，它们相互间恒定不动，这样的星叫恒星，恒星组成的图案固定不变，星座就由这些图案想象而来。

另一类就是行星，它们能够在星空中缓慢移动，肉眼可见的行星只有五颗——水星、金星、火星、木星和土星。

通常，这五颗行星在黄道星座中各自游荡，大多数时候天各一方，彼此难以照面，但在公元前 1059 年 5 月，五兄弟来了一次极为罕见的聚会，地点就在鬼宿。行动迟缓的土星提前半年多率先到来，木星则在西边的井宿（双子座内）徘徊了几个月，似乎在等待其他三个兄弟。5 月初的时候，水星、金星、火星急匆匆赶来，和木星一起进入鬼宿，与早已等候在此的土星团聚。

五行星中的水星就像一个羞涩的少年，总是躲在太阳的光辉里不愿露面，但此时为了赶赴五星之约，也离开太阳超过20 度。在日落后的一个小时内，人们可以在西方低空清楚地看到行星五兄弟的聚会。在鬼宿这片暗淡的恒星背景前，五星的汇聚显得极为引人注目。尤其是 5 月 28 日这天，五大行星聚集得如此紧密，以至于伸直胳膊后握紧的拳头就能把它们全部挡住。紧密汇聚的五星，如同一块珍奇的圭玉从天垂下。五星的上方，那只美丽的大鸟——朱雀正展翅翱翔，俯冲而下，仿佛是想把那宝贝圭玉衔在口中（见图 1–2）。这亘古罕见的天象奇观，吸引了朝野上下好奇而惊讶的目光。天垂象，见吉凶，五星汇聚要宣示怎样的天命呢？人们忐忑不安地猜测着。

文王姬昌西望天空，看着出现在岐山之巅的这一幕。文王仿佛听到了朱雀的啼鸣，昭告那五星的圭玉乃是上天颁布给自己的诏书。殷王无道，虐乱天下，天命所归，舍我其谁？文王心潮澎湃，乃作《凤凰歌》一首，歌曰：

图 1-2　公元前 1059 年 5 月 28 日的天象：凤鸣岐山与五星汇聚

翼翼翔翔彼鸾皇兮，

衔书来游以命昌兮，

瞻天案图殷将亡兮！

　　凤鸣岐山，文王受命，其中自有道理。古人会很自然地将五星汇聚这种罕见天象和社会最重大的变革联系在一起。从公元前 1059 年往前推 517 年——公元前 1576 年 12 月 25 日黎明，也出现了一次五星汇聚，水星、火星、木星、土星和月亮紧密汇聚在人马座南斗六星附近。这种天象出现在昏庸残暴的夏桀统治时期，商人认为这是天命转移给自己的征兆，便起来推翻夏朝，建立商朝。

从公元前 1576 年再往前推 377 年——公元前 1953 年 2 月 26 日，五大行星紧密汇聚在宝瓶座内。这次五星汇聚发生的时间和大禹治水的时间非常接近，它被看作是上天对中国第一个朝代——夏朝开始的宣告。

现在，五星汇聚再一次出现，而且发生在鬼宿，这对文王来说意义非凡。根据古代天人相应的观念，天上每一个星宿对应着地上不同的国家，朱雀头部的鬼宿对应的正是西周，五星汇聚发生在那里，岂不是天命转移给西周的明确征兆吗？文王踌躇满志，积极准备，不料壮志未酬身先死，伐纣大任落在了儿子武王身上。

奇怪的退兵

武王伐纣的消息传出，西方各路诸侯纷纷加入。10 月，武王的军队到达孟津，有八百路诸侯在这里会师。商的都城殷已经遥遥在望，群情激昂，大家认为纣王的末日已经来到，纷纷主张尽快挥师渡河北进，消灭殷商。然而让人不解的是，武王却踌躇不定起来，全然没有了出发时的雄心壮志。犹豫一些时日后，武王竟然做出了一个让人匪夷所思的决定：退兵。

诸侯们大惑不解，纷纷质问。武王说你们不知道上天的旨意，纣王气数未尽，现在还不是讨伐他的好时机。虽然将信将疑，诸侯们还是各自退去，武王也撤回到西岐。八百路诸侯各自为政，团结起来很不容易，做出解散的决定是艰难的，究竟是什么动摇了武王的意志？原来是因为星空中，木星的位置悄然发生了变化。

顺行与逆行

行星在黄道星座中漫游，大多数时候相对于星座背景自西向东运行，这叫顺行；有时候行星会掉转头向西退回去，这叫逆行，逆行时行星通常会变得更亮。在顺行和逆行转换时，行星会有一段时间停滞不动，称为留，这是每一个行星都有的运行规律。（见图 1–3）

在古人眼中，行星运行会产生强大的能量，顺行往往代表一种正的能量，逆行则相反。古人认为木星是天空的主宰

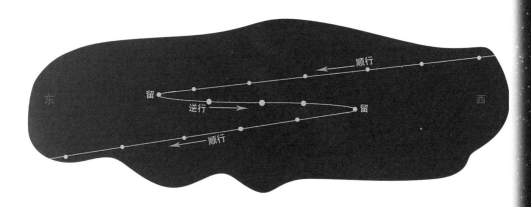

图 1–3　行星运行规律示意图

之星，拥有令人畏惧的伟大力量，其运动昭示着上天不可抗拒的旨意，尤其会影响到军国大事。木星顺行有利于发动军事进攻，但它若逆行，就不利于进攻了，石申的《星经》中就记载了这样的观念：

岁星逆行，其国不可以兴兵。星顺兵宜进，星逆兵宜退。

武王在初秋集结军队的时候，木星从井宿（双子座）向着鬼宿（巨蟹座）方向顺行，照这样的势头，当西周军队到达商的都城殷时，木星恰好可以向东顺行到朱雀头部的鬼宿，也就是当年五星汇聚发生的位置。这个天象对殷商发动打击是最有利的，武王正是在木星向鬼宿顺行时开始了信心满满的东征。

可是，当军队接近目标的时候，木星顺行的速度慢了下来，这让武王感到不安，木星似乎不再配合他的军事行动了。眼看就要进入鬼宿，木星竟然停了下来，徘徊不前。武王知道，木星一旦停止不前，接下来就要调头逆行了，而逆行是应当退兵的。看来，殷商的天命尚未完全结束，上天不再支持自己了。这实在是个极为困难的抉择，但考虑到纣王的军队此时还算强大，这支军队还在与东夷作战，等到纣王的军队消耗得差不多时再行讨伐岂不更好？武王于是决定顺从上天的旨意，劝说诸侯们退兵回师。

凶恶天象下的大决战

公元前 1047 年年底,武王觉得时机成熟,又一次集结军队,准备第二次伐纣。一个叫鱼辛的人急忙来向武王进谏,说天象不利于我们征伐啊,木星正在逆行。鱼辛说的是实际情况,木星不仅逆行,而且正好冲着朱雀的头部,那对应的正是西周。

此外还有另一个更加让人不安的天象——一颗罕见的大彗星出现在天空。彗星像个扫帚,它出现在天空,意味着要对天下来一次大扫除。对谁有利呢? 对头部,也就是扫帚柄所指的方向有利,因为扫帚把拿在人家手里,彗星尾巴所指的方向则是被扫除的对象。唐代李淳风的《乙巳占》记载了这样的观点:

凡战,两军相当,执本者胜,随彗所指处以讨焉。

当时天空中出现的这颗彗星,头部指向东方,也就是彗柄掌握在东方的纣王手中;尾巴扫向西方,意味着西周是被扫除的对象。

奇怪的是,武王这一次竟然毫不理会这些"凶恶"的天象。他拜姜子牙为军师,调集 5 万精锐部队,迎着逆行而来的木星,顶着扫向西方的彗星,坚定地向东方进发。公元前 1046 年 1月 20 日,在牧野,武王的联军和纣王的 70 万大军展开惨烈决战。双方约有 20 万人死亡，血流甚至使捶衣的木棒都漂浮起来。结果纣王大败，在朝歌自焚而死，中国进入持续八百年的周朝时代。

武王伐纣的具体时间有多种说法，古代典籍里的天象记录是考古的重要依据。木星逆行导致武王退兵的故事，基于美国汉学家班大为的观点，他在《中国上古史实揭秘》一书中给出了这种新颖的解释。

行星的顺行和逆行究竟是怎么回事呢？在占星学家用它预测吉祥祸福的时候，天文学家们则利用它来构建宇宙的模型。武王伐纣一千多年之后，古希腊一个叫托勒密的人，试图揭开行星运行的奥秘。

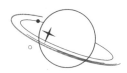

第2章
晶莹的天球

古希腊人的同心球体系相当合理地解释了行星的运行。

九重天

古希腊是人类历史的一大传奇，涌现出一大批探索真理的伟大智者。到托勒密的时代，地心宇宙体系已经初具规模，那是前几辈先贤们如毕达哥拉斯、柏拉图、亚里士多德等人的智慧成果。公元前 1 世纪，古罗马演说家西塞罗在"西庇阿之梦"中描绘了那个时代希腊人的宇宙观，它已经遥遥领先于古代各民族：

宇宙是九重天，或者说由九个运转着的球组成。外面一重天球叫恒星天球，上面钉着所有的恒星。下面有七重天球，都以和恒星天球相反的方向在运动。和恒星天球最近的一重天球是土星天球；下面一重天球是赐予人恩惠的木星天球；

再下面是可怕的红色火星天球；火星天球下面便是太阳天球，它是君王，是统治群星的主宰，是世界的灵魂，它用它那巨大而明亮的球体，以光辉充满宇宙。在太阳天球以下有一对伴侣，即金星天球和水星天球。最低的一重天球才是月亮天球，它的光是从太阳借来的。在这最低一重天球下面，生息着将要死亡腐朽的众生，但慈悲的神给予众生的灵魂是永恒的。月亮上面的一切皆是永恒的。我们的地球位于宇宙的中心，远离诸天，静止不动；一切有重量的物体都被牵引向地而来……

西塞罗描述的"地心说"称为亚里士多德体系。亚里士多德生活在公元前4世纪，和中国的庄子是同一个时代。他讲课风格不拘一格，常常一边漫步于走廊和花园，一边和学生讨论，也常被称为逍遥学派。

古代哲学家试图解释的宇宙，最主要的是七大天体，就是五大行星再加上太阳、月亮，它们合起来又称为七曜，是古代各民族共同关注的对象。古巴比伦人曾经建造了七星坛祭祀七曜，七星坛分七层，每层有一个星神，从上到下依次为日、月、火、水、木、金、土七神，七神轮流主管一天，周而复始，这就是星期的由来：

星期日——太阳神　　星期一——月亮神

星期二——火星神　　星期三——水星神

星期四——木星神　　星期五——金星神

星期六——土星神

日月五星这七曜，再加上恒星天以及由神灵居住的最高天，就是第九重天。九重天由高到低的排列顺序是：最高天—恒星天—土星天—木星天—火星天—太阳天—金星天— 水星天—月亮天。

各重天的顺序如何确定呢？依据它们的移动速度。日月五星在黄道星座中周而复始地运行，但它们在星空走完一圈的周期是不一样的，早在 4000 年以前，人们就有了下面这个表里的数值：

七曜	在星空环绕一周的时间
土星	30 年
木星	12 年
火星	2 年
太阳	1 年
金星	约 1 年
水星	约 1 年
月亮	1 月

周期长是因为速度慢，速度慢通常意味着距离远，从月亮到土星的七层天的顺序就确定下来。至于恒星天，因为众星之间的相对位置从不变化，恒定不动，看上去如同一个镶满钻石的晶莹球壳，古人很容易判断出它们比行星远得多，就是七曜之外的第八重天。八重天外，是看不见的宗动天，那是神灵的居所，是第九重天。

顺行逆行的解释

亚里士多德的宇宙体系看似完美，但明显不够完善，比如无法解释行星逆行。当行星调头向西逆行时，它所在的天球难道会反转运行吗？托勒密这样认真的天文学家对此感到很不满意。

托勒密大约于公元 90 年出生于希腊，同当时许多伟大的学者一样，他也来到地中海港口亚历山大求学。那时的亚历山大是一座传奇的城市，它由马其顿帝国的缔造者亚历山大建造。亚历山大是亚里士多德的学生，他继承了老师对知识的热爱，于公元前 259 年在亚历山大海港建造了人类早期最伟大的图书馆，传说极盛时期图书馆内收藏的各类手稿逾 70 万卷。让人惊讶的是亚历山大人对书籍的热爱程度，他们用各种手段搜集书稿，甚至不惜把来往亚历山大港口的外地商船扣留下来，直到船上的书稿被抄下来才允许离开。四方学者纷纷云集此地，或讲学，或求学，亚历山大很快成为世界知识的中心。托勒密就有二十多年生活在亚历山大城，期间写就的《至大论》成为此后一千多年间天文学领域的权威经典，托勒密本人也成了遥不可及的神话般人物，被视为真正的亚历山大之王。

托勒密雄心勃勃，决心建立一个完美的宇宙体系，他效法欧几里得，先列出一些公理，然后再外推，这些宇宙学公理共有五条，在托勒密看来都是不言自明的：

一、大地是一个球；

二、地球位于宇宙的中心；

三、地球是静止不动的；

四、各层天是球形的，围绕着地球旋转；

五、与遥远的各层天球相比，地球小得像一个点。

这样，为解释行星逆行，托勒密下面的做法是很自然的：给行星安上一个本轮！

即行星并不直接绕地球运行，而是在一个叫本轮的小圆圈上做圆周运动，本轮中心围绕着地球做大圆周运动，这个大圆周叫行星的均轮。仔细想一想，它是不是一举解释了行星的顺行、逆行和亮度变化，同时又符合托勒密的所有宇宙学公理呢？这个聪明的方案其实并非托勒密首创，而是比他早 300 多年的阿波罗尼奥斯想出来的，阿波罗尼奥斯是和欧几里得、阿基米德齐名的古希腊大数学家。

以木星为例，木星本轮中心沿均轮自西向东环绕地球运行，周期约 12 年，所以人们会看到木星约 12 年在天球上走一圈，大部分时间里是自西向东顺行的。木星还沿着本轮旋转，一年转一圈，当它运行到本轮下方靠近地球时，看起来就逆行了，而且由于距离地球更近，它也变得更亮了。（见图 2-1）

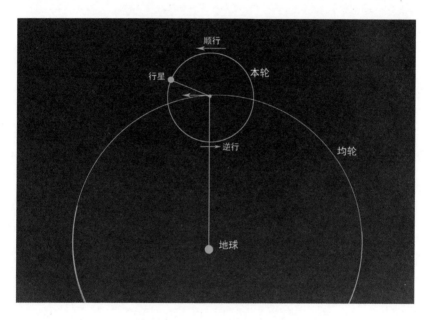

图 2-1　本轮、均轮示意图

圆轨道的信仰

本轮解释了行星的逆行，但还有一个比较麻烦的问题。

古希腊文明像其他文明一样，有强烈的天尊地卑观念，认为天上的一切都是完美而永恒的，既然这样，天体的轨道必然是正圆才行，否则就不完美。亚里士多德在《论天》里写道：

月亮以下的东西都是有生有灭的；自月亮而上的一切东西，都是不生不灭的。在月亮以下的领域里，一切东西都是由土、水、气、火四种元素构成的；但天体则是由第五元素——以太构成。各层天都是完美的球形，越往上的天越神圣，它们沿正圆形轨道运行，因为以太是完美的，所以它只会做完美的匀速圆周运动。

这信条使问题变得复杂，因为行星在天空的运行速度并不均匀，有时快，有时慢，比如火星，它走完轨道的某个半圈要比另外半圈慢 80 天。

托勒密当然很清楚，但他坚信不均匀是表象，本质还是匀速圆周运动。怎么协调呢？托勒密把地球稍稍偏离宇宙中心，这样，从地球上看去，行星运行速度就不均匀了。这是一种偏心圆体系，其实已经接近椭圆，但椭圆在信仰上不正确，因而托勒密不予考虑。直到 1500 年以后，开普勒才发现行星轨道是椭圆。（见图 2-2）

宇宙是如何运转起来的呢？和亚里士多德的解释一样，首先转动起来的是宗动天，它由神来推动。神一旦推动了宗

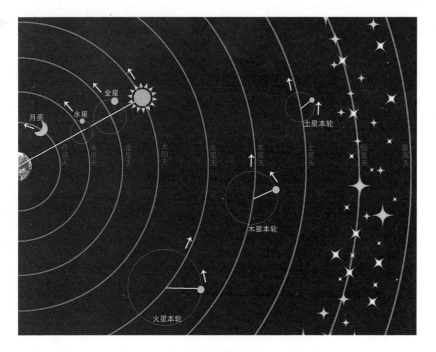

图 2-2　托勒密的宇宙运行示意图

动天，宗动天就把运动传递到恒星天，恒星天带动土星天，土星天带动木星天，由高向低依次传递，整个宇宙就永不停息地运转起来。

　　这实在是一个相当完美的宇宙，行星运行得到了合理解释，神与人也各得其所，一切都安排得极为妥当。托勒密无比喜悦，他写道：

虽然我的生命有限，

譬如朝露，

但只要仰望布满星斗的穹苍，

即使只有片刻，

我就有如羽化升天，

与造物主接触，

我快乐的灵魂也将化为永恒……

一次巨大飞跃

我们的教科书里普遍批判地心体系，很多人就把地心体系看作愚昧落后的代表，这是相当不公平的，后来出现的"地心说"与"日心说"的斗争，是宗教意识形态造成的，与"地心说"本身关系不大。实际上，托勒密的宇宙体系相当厉害，它能够在任何给定的时间点上，推算并预言各个天体的位置，而且精度相当高。

在那个时代，世界各民族还普遍用精灵主义和神话传说解释宇宙，托勒密等古希腊人把天体运行理解成一种自然规律，并构造出地心体系这样一个相当科学的宇宙模型，这当然是一个里程碑式的伟大成就，是人类认识宇宙的一次巨大飞跃。托勒密当之无愧地成为天文界泰山北斗式的人物，也是人类科学史上极少数最伟大的人物之一。

然而，在中世纪的欧洲，托勒密的巨著《至大论》竟然失传了好几百年，幸好阿拉伯人保存了它。1175 年，《至大论》从阿拉伯文译回拉丁文，才重回欧洲，先是受到压制，经过 13 世纪经院哲学家托马斯·阿奎那的重新诠释，才被接纳为官方意识形态。其结果是，地心宇宙结构和宗教信仰结合在一起，极大地影响了欧洲乃至整个人类的精神世界。

14 世纪，意大利诗人但丁那气势磅礴的《神曲》里描写的地狱、炼狱和天堂，就建立在托勒密地心宇宙体系基础上。文学艺术的渲染力量，加上宗教的宣传，使天文学家的宇宙观迅速进入社会大众的心灵深处。《神曲》里描述的地狱形似一个大漏斗，以耶路撒冷为中心向地心延伸，从上到下逐渐缩小，到地心缩为一个点。和宇宙的九重天相对应，地狱也是九层，灵魂的罪恶越大，堕落的地狱越深。

地狱漏斗的最底端就是地心，是掌控地狱的魔鬼撒旦所在之处。越过地心就是炼狱，炼狱矗立在净界山上，共有七级，犹如七级宝塔，越往上越小，最后从南半球的大海中升出地面；然后是地上的乐园，加上底层的净界山，炼狱也共有九层。

最上面的乐园里鸟语花香，从乐园仰望天空，那里是南半球的星空，头顶上闪耀着星光灿烂的十字架——南十字星座。

但丁写道：

我把心神

贯注在另外一极上，

我看到了

只有最初的人见过的四颗星。

　　"最初的人"指基督时代也就是公元 1 世纪的人，四颗星就是南十字座的四颗亮星，在很多文学作品里，这四颗星周围的天空被看作天堂的入口。那时在耶路撒冷能看见南十字座位于地平线附近，由于地轴进动，现在北纬 30 度以北看不到这四颗星了，所以"只有最初的人见过"。

　　在《神曲》里，但丁和他的梦中情人贝阿特丽切一起向上飞升，依次飞越九重天堂，这九重天堂就是古希腊地心体系里的九层天球。

权威与缺陷

　　托勒密地心体系被中世纪后期欧洲官方意识形态推上辉煌的巅峰，在长达几百年的时间内被奉为不容置疑的真理，但其缺陷也渐渐暴露出来。地心宇宙用语言描述是轻松简单的，在实际计算和预测时，却是复杂繁琐的，随着时间推移，误差越来越大。为了修正误差，后来的天文学家们复制托勒密的思路，在本轮上再加小本轮，通过反复调整小轮的数量、半径和旋转速度，总能使理论和观测大致符合。其结果是，本轮套本轮，重重叠叠不断增加，以致最后各种轮子总数竟达 80 个之多！宇宙变得复杂难解，远远偏离了古希腊人对宇宙持有的简单和谐的信念。

13 世纪，通晓天文学的西班牙卡斯提腊国王阿尔芒斯（1221—1284）感到这个体系太复杂，说道，上帝创造世界的时候，要是向我征求意见的话，天上的秩序可能安排得更好些。他很快被指控为异教徒，王位也被革除。

第3章
旋转的大地

大地在旋转其实是相当显而易见的。

迟来的葬礼

2010 年 5 月 22 日，波罗的海沿岸的弗龙堡大教堂，一场隆重的葬礼在这里举行，埋葬的是已经去世几百年的大天文学家哥白尼。哥白尼去世时，就葬在弗龙堡大教堂。但在那个时代，哥白尼并没有得到多少尊重，甚至墓碑都未刻字，因为教会视"日心说"为异端，普通信众也就对哥白尼怀有深深的敌意。在长达几百年的时间里，哥白尼被冷落，墓地也被遗忘了。不过哥白尼是在床榻上平静地离世的，不像有人误解的那样被烧死在火刑柱上，那是布鲁诺。

进入 21 世纪，波兰人觉得哥白尼应该得到更高的礼遇，就开始发掘寻找哥白尼的坟墓。研究人员在哥白尼的藏书里发现了他的几根头发，因此有了 DNA 样本。经过比对，最终确认了哥白尼的遗骨，于是在其去世 468 年之后，哥白尼被再次埋葬。神职人员喷洒圣水，抬棺人举起棺木，隆重的仪仗队陪伴，穿过红砖砌成的教堂，把遗骨葬于教堂墓地。黑色花岗岩墓碑上装饰着哥白尼的日心体系的图案——6 颗行星环绕着金色的太阳，它们仿佛在吟诵《天体运行论》序言中的话语：

难道还有什么东西比包括一切美好事物的苍穹更加美丽的吗？由于天空具有超越一切的完美性，大多数哲学家把它称为可以看得见的上帝。

人们找到哥白尼曾经为自己撰写的墓志铭，把它刻在新的墓碑上，碑文体现出了哥白尼虔诚的天主教信仰："你不必赏我像赏给圣保禄的恩宠，但求你赏赐我像你给圣伯多禄的宽赦和右盗的仁慈。"谦卑的哥白尼不但得到了宽赦和仁慈，也得到了恩宠和盛名。他创立的"日心说"改天换地，犹如一次乾坤大挪移，把太阳和地球的位置来了个大颠倒，是人类认识宇宙的又一次巨大飞跃，哥白尼也成为人类世世代代纪念的科学伟人。1953 年，在哥白尼逝世 410 周年纪念会上，爱因斯坦赞叹道：

哥白尼的伟大成就，不仅铺平了通向近代天文学的道路，也使人们在宇宙观上来了一次决定性的变革。一旦认识到地球不是宇宙的中心，而只是较小的行星之一，以人类为中心的妄想也就站不住脚了。

　　哥白尼的炫目光环加深了"日心说"的神秘感，很多人对它感到高深莫测，望而生畏。其实，哥白尼的巨大声望有相当一部分来自几百年来的意识形态斗争。托勒密地心体系本来是个科学问题，却被宗教意识形态化了，哥白尼日心体系就不可避免地被拖入这场意识形态斗争之中。

　　对一个认真的探索者来说，超越托勒密地心体系其实是一个很自然的过程，因为地动的证据相当显而易见，我们只要稍稍用心探究，就会感到惊讶，为什么人类实现这一超越会如此艰难？

周日视运动暗示了地球自转

　　日月星辰每天东升西落环绕地球一周的运动，称为天体的周日视运动。地心体系认为这是天体本身在围绕地球运动，任何人若认真观察和思考，都会深深质疑这一说法。

　　这种运动的最大特点是非常整齐，尤其是恒星，所有恒星沿着完全平行的圆圈，以完全相同的方向、完全相同的周期由东向西越过天空，其行为完全像一个包裹着大地的晶莹天球，但是这里面有很明显的矛盾。

　　古希腊人已经清楚地感觉到星空的广阔与高远，地球自身的大小同天空相比完全可以忽略不计，这就是托勒密的第五条宇宙学公理：与遥远的各层天球相比，地球小得可以看成一个点。

　　我们来想一想，既然大地已经大得不可思议了，各天层又该有多远呢？从而立即可以推出：那些小小的恒星光点必然极其巨大！因为它们距离实在太遥远了，如果真的是不起眼的小星点，地球人怎么可能看到它们呢？试想一堆熊熊燃烧的篝火，近看虽然很明亮，距离稍远就会暗淡无光。照这样推算，天球肯定是无法想象地大，无法想象地沉重！这样一个天球怎么会围绕微小的地球旋转，况且是每天旋转一圈呢？

　　还有一个很明显的问题。日月五星和恒星位于八个不同的天层上，距离相差极大，但它们的运动看上去却非常整齐，路线完全平行，周期基本相同，有什么样的机制能让八个各自独立的天球如此协调一致？没有。

　　高度协调一致的周日视运动只不过强烈暗示了，它必定由某种单一运动导致——只要假定地球自身在旋转，一切就都顺理成章了。

　　这样看来，推断出地球转动并没有多大困难。实际上，早在公元前5世纪，古希腊哲人赫拉克利特已经提出了地球自转的观点，这比哥白尼早了2000年。

　　赫拉克利特是一位富于传奇色彩的哲学家，是爱菲斯学派的代表人物。他出生在爱菲斯城邦的王族家庭，本来应该继承王位，但是他将王位让给了他的兄弟，自己跑到阿尔迪美斯女神庙附近隐居起来修道，他的经历很像佛陀释迦牟尼。

古希腊的哲学家们都追求理解世界的本原。泰勒斯说世界的本原是水；毕达哥拉斯说世界的本原是数；而赫拉克利特认为世界的本原是火："这个有秩序的宇宙对万物都是相同的，它既不是神也不是人所创造的，它过去、现在和将来永远是一团永恒的活火，按一定尺度燃烧，一定尺度熄灭。"赫拉克利特另一句广为人知的名言是："人不能两次踏进同一条河流。"

赫拉克利特天才地领悟到了地球的自转。他说："日月星辰东升西落以及昼夜形成的原因，不是天球的旋转，而是地球在自西向东旋转。"这位先行者在 2000 年前的智慧判断无疑给哥白尼增添了极大信心。

理解地球自转，关键还要明白，日月星辰的东升西落是一种相对运动。运动具有相对性，在地面是常见的，但是一般人难以把它扩展到天上，哥白尼要向大家说明的就是这一点，他在《天体运行论》里写道：

我们驶出港口，陆地和城市却在后退。因为船只驶过风平浪静的海面时，所有外界的东西在船上的人看来，正好像它们在按照船只的运动移动着，只是方向相反——他们觉得，他们自己和身边的东西都留在原处。这种情况毫无疑问可能出现在地球运动引起的现象中，它导致整个宇宙都在旋转的印象……

太阳在黄道上的运动反映了地球公转

现在我们来了解天文学中一个非常有名的概念——黄道。几千年前，古人就发现太阳在星空背景前移动，而且路线非常固定，这条路线就是黄道，黄道穿越的星座就是著名的黄道十二星座。太阳沿着黄道一年转一圈，平均一个月穿行一个星座。太阳在黄道上的运行，给人的直观感觉是，它在围绕着地球运行，这正是地心体系的解释，如下（见图3-1）：

春分时，太阳运行到位置1，从地球上看，太阳位于双鱼座的位置1。

夏至时，太阳运行到位置2，从地球上看，太阳位于双子座的位置2。

秋分时，太阳运行到位置3，从地球上看，太阳位于室女座的位置3。

冬至时，太阳运行到位置4，从地球上看，太阳位于人马座的位置4。

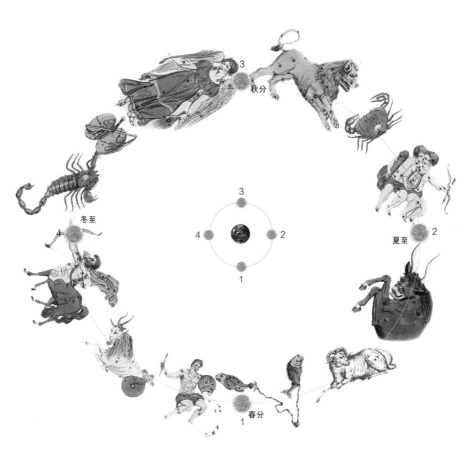

图 3-1　从地球上看，太阳一年围绕着地球在黄道上走一圈，这是地心说的直观依据

可是，如果知道运动具有相对性，这结论就不可靠了。假如地球围绕太阳运动，一年转一圈，从地球上看，也是太阳在黄道上一年转一圈，视觉效果完全一样。图 3-2 里，地球和太阳的位置互换了一下，地球轨道中央的太阳是真正的太阳，黄道上的太阳是从地球上看去的太阳投影。当地球围绕太阳公转一圈时，从地球上看太阳，太阳也在黄道上围绕地球转动了一圈。绕转的关系如下：

春分时，地球运行到位置 1，从地球上看，太阳位于双鱼座中的位置 1。

夏至时，地球运行到位置 2，从地球上看，太阳运行到双子座的位置 2。

秋分时，地球运行到位置 3，从地球上看，太阳运行到室女座的位置 3。

冬至时，地球运行到位置 4，从地球上看，太阳运行到人马座的位置 4。

这样我们就能明白，太阳一年沿着黄道上绕行一圈的运动，完全可以理解为地球绕太阳公转造成的相对运动。哥白尼的"日心说"最主要工作，就是实现地球和太阳的位置互换。实际上，在哥白尼之前的 1800 年前，已经有人完成了这个工作，那就是古希腊的阿利斯塔克。

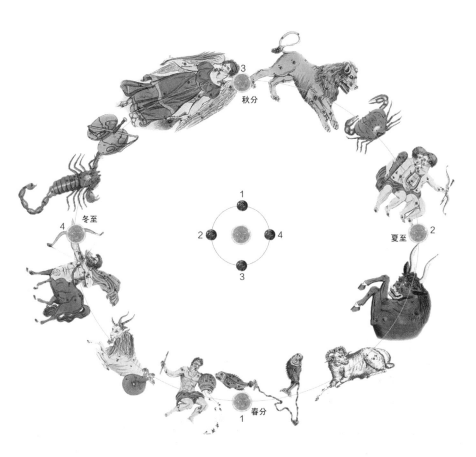

图 3-2　若地球绕太阳公转，从地球上看去，同样看到太阳一年在黄道上走一圈

太阳与地球的相对大小是关键

究竟是太阳绕着地球转，还是地球绕着太阳转，单凭太阳在黄道上的运动不能得出结论，但是如果能够知道它俩哪个更大，结果就清楚了。

公元前 3 世纪，古希腊的阿利斯塔克就已经知道，太阳比地球大得多。他是这样测算的：月亮为半圆时，日地月三个天体形成了一个直角三角形，月亮位于直角处，这样，只要测量出月亮和太阳的夹角，就可以利用三角函数计算出太阳、月亮和地球的距离关系。阿利斯塔克的测量结果是，太阳比月亮距离地球远了 19 倍。因为月亮圆面和太阳圆面看上去差不多大，那太阳的直径就是月亮的 19 倍。（见图 3-3）

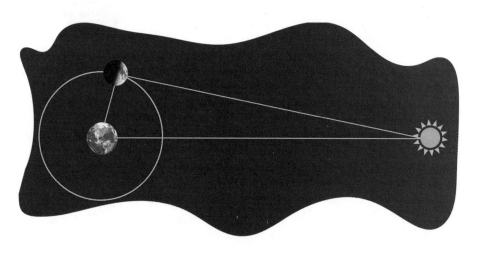

图 3-3 基于阿利斯塔克观点的太阳、地球、月亮三个天体的大小示意图

阿利斯塔克还知道，月食时月面上的暗影就是地球的影子，他根据月食时地球影子的宽度，算出地球直径是月球直径的 3 倍。这样，阿利斯塔克就发现，太阳的体积就比地球大了二百多倍！虽然不很准确，但足以令他意识到，不可能是太阳围绕地球转！

阿利斯塔克的学说无疑是深刻的，但在那个时代，把居于宇宙中央的地球说成是绕着别的星球转动，被认为有损人类尊严而且大逆不道，因而这个学说常常遭到其他学派和宗教神职人员的指责非难，就连天文学家也接受不了。古希腊另一位伟大的天文学家喜帕恰斯评判道："阿利斯塔克关于地球绕太阳旋转的说法，不过是简单的空想。"这样，地动的思想被埋葬，阿里斯塔克被掩盖在亚里士多德和托勒密的光芒之下，直到一千八百多年以后才遇到哥白尼这个知音。

哥白尼的测量数据比阿利斯塔克要精确得多，他知道太阳远比阿利斯塔克计算的大得多，不但比地球大得多，也远比其他行星大得多。毫无疑问，太阳应该位于宇宙的中央，地球和行星都应该围绕太阳运行。哥白尼写道：

太阳居住在中央。在这光辉灿烂的庙堂里，除了那个普照寰宇的重要地位之外，还有什么更适宜的地方去安置这个伟大的发光体呢？

顺行逆行的简明解释

一旦把太阳置于中央，让地球和行星围绕太阳运行，天体运行就恢复了和谐的原貌，容易理解得多了。我们来看曾经令武王感到困惑的木星逆行。

木星和地球一样，自西向东围绕太阳公转，大多数时候，地球上看到的是木星自身的公转，因而是顺行。木星的轨道在地球外面，它比地球走得慢，当地球在自己的轨道上接近并开始超越木星时，从地球上看，木星就向西退去了，这就

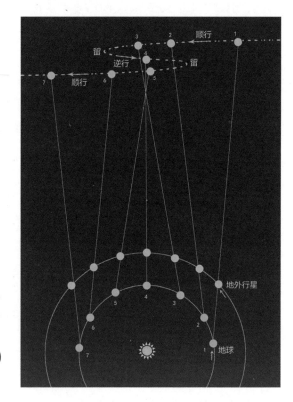

图 3-4 当地球在轨道上靠近并超越地外行星时，从地球上看，地外行星就向后（西）逆行了

是逆行。就如同两辆同向行驶的汽车，后面一辆超越前面一辆时，坐在后车的人会看到前辆车向后退去。

而在顺行和逆行转换之间，由于观察角度的关系，行星看上去会有一段时间停止不动，这就是留。（见图 3-4）

"荧惑守心"的故事

行星运行的原理是相当简明的，但古人不明白这个道理，便给它披上了一层神秘的外衣，于是它就能大大影响人类的心理乃至社会的发展，直到今天，依然有无数人用它指导自己的人生。有很多这样的例子，我们来看一个和火星运行有关的著名天象——荧惑守心。（见图 3-5）

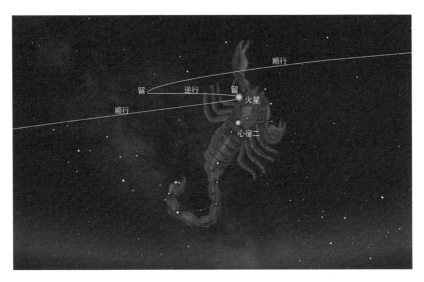

图 3-5 荧惑守心天象示意图

"荧惑"就是火星，火星那暗红的颜色给人一种恐怖的感觉，占星学中总把它和战争、流血、死亡联系在一起；"心"是二十八宿中的心宿，位于现代天蝎座内，是东方苍龙的心脏，在占星学中被看作帝王的象征。荧惑守心就是火星运行到心宿，既不顺行前进，也不逆行倒退，而是停留——守在那里。

很明显，在中国传统占星学看来，荧惑守心是对帝王大不利的天象，比如《开元占经》中就这样记载：

荧惑守心，主死，天下大溃。

西汉末年汉成帝时期，王莽作为大司马辅政，丞相是翟方进。公元前7年春天，有一位负责天象观测的官员向皇帝奏报，天上出现荧惑守心的大凶天象，皇帝非常害怕。王莽的亲信李寻乘机向皇帝进言："出现荧惑守心，表明丞相翟方进没有尽到责任。以前先皇帝时曾经发生过春苗结霜，夏天降雪，白天伸手不见五指的异象，丞相辞了官，一切才转为正轨。"

在这种情况下，翟方进惶恐不安地辞了职，然而皇帝并没有善罢甘休，他暗示翟方进"如果不显示出忠君的诚意，显尊的名声恐怕难以长保"。翟方进只得自杀而死。

这次"荧惑守心"带来的灾难相当巨大。翟方进自杀是在公元前 7 年 2 月，3 月份正当壮年的汉成帝突然驾崩，接连继位的两个小皇帝，也不明原因地死去，最后是两岁的刘婴继位皇帝。期间王莽摄政，并最终接受禅让称帝。后来，翟方进的儿子翟义起兵造反，指称王莽毒杀汉平帝，掀起了两汉之间血雨腥风的战乱。其结果是，到东汉建立社会平定下来后，全国人口锐减大半，"荧惑守心"实在是凶险之极。

但事实上，导致翟方进自杀的"荧惑守心"天象并没有发生。用现代天文软件可以轻易推算出来，公元前 7 年春天，火星运行在室女座的角宿，距离天蝎座的心宿很远。历史上虚构"荧惑守心"不止一次，中国正史记载荧惑守心天象一共有 25 次，其中只有 10 次大致准确，其余均属虚构。

新时代的开启

回到哥白尼这里。哥白尼要做的工作当然不只是推理，还要进行精确的观测和计算。1512 年，哥白尼以天主教僧侣的身份来到波罗的海岸边的小城弗龙堡。这里有一座箭楼，上面有一个宽阔的露台，最上层有三个窗口，从那里可以全方位地观测天空。哥白尼把它买下来，作为自己的观测台，它现在被称为"哥白尼塔"，作为天文学的圣地保留至今。

哥白尼不但擅长理论，动手实践能力也极强，就连观测仪器都是自己制作。尽管他制作的仪器相当简陋，测量精度却很惊人。哥白尼得到的地球公转周期为365天6小时9分40秒，误差只有百万分之一；月亮到地球的平均距离是地球半径的60.3倍，和现在的60.27倍相比，误差只有万分之五。

《天体运行论》写成后，被长时间搁置起来。哥白尼深知自己面对的是一个无比庞大的意识形态大厦，而自己的理论很可能要把它颠覆，他感受到了教会当局深深的猜忌和敌意，以及信徒的不解与嘲讽。晚年的哥白尼亲朋寥落，生活孤寂。

1539年春，一位远道而来的年轻人激起了哥白尼的热情，他是德意志数学教授雷提卡斯，被哥白尼学说吸引，专程前来求教。两人一见如故，相语甚欢，雷提卡斯一住就是两年多。潜心研读完哥白尼的全部手稿后，雷提卡斯对哥白尼及其学说产生了由衷的敬仰，尤其是哥白尼体系的简单和完善。他赞叹道："既然看出这一切运动能解释无数现象，难道就不应该承认大自然的创造者——上帝，具有普通钟表匠的技巧吗？因为钟表匠人都很谨慎地避免在机件里加进多余的轮子。"

在雷提卡斯的热情鼓励下，哥白尼终于下决心出版他的著作。1543年7月26日，哥白尼虚弱地躺在病床上，已经失掉了记忆和思考能力。终于，书送来了，是刚刚印刷出版的《天体运行论》。医生把书放在哥白尼胸口，拉过他的手放在书上。

哥白尼抚摸着书，仿佛看到一个新时代的大幕正缓缓开启，他欣慰地闭上眼睛，与世长辞。

哥白尼用"乾坤大挪移"的手法，把地球宇宙中心的特殊地位除去，成为天空中的一颗行星，填平了天空和大地之间不可逾越的鸿沟，扭转了自古就有的天尊地卑思想，使人类能够从更平等的角度来看待宇宙中的一切。后来人们又发展了这一思想，太阳也并不是宇宙的中心，而且宇宙时空中没有任何一点是特殊的，这就是哥白尼原理。

从"地心说"到"日心说"，转变的不但是地球的位置，更是人的观念，后者显然更困难。《天体运行论》出版后的半个世纪里相对平静，能够理解的人很少，愿意了解的人也不多。17 世纪初，经过另外两位伟大科学家——伽利略和开普勒的工作，"日心说"才渐渐走进了科学的殿堂，同时也把新旧思想体系的对立推到了风口浪尖。

第4章
新视野

高远的视野必将带来自由的新思想。

神奇的镜管

1609 年初夏，意大利人伽利略听到一个消息，荷兰眼镜商人利普西用玻璃镜片制造出了一个镜管，可以使远方的物体看起来更近。伽利略立即领悟到这个镜管的非凡意义，开始研究，并很快弄明白了其中的原理。到了夏末，伽利略就制造出一个能够将物体放大 9 倍的望远镜，而且很快给伽利略带来了极大声誉。在一封写给妹夫的信里，伽利略写道：我制成望远镜的消息传到威尼斯，一星期之后，公爵就命我把望远镜呈献给议长和议员们观看，他们感到非常惊奇。绅士和议员们虽然年纪很大了，但都按次序登上威尼斯的最高钟楼，眺望远在港外的船只，看得都很清楚。如果没有我的望远镜，就是眺望两个小时，这些船也进不

到视野里。这仪器的效用可使 50 英里（约 80 千米）外的
物体，看起来就像在 5 英里（约 8 千米）以内那样。伽利
略将望远镜送给威尼斯元老院，元老院很快答应第二年把
他在大学的教职改聘为终身教授，年薪也上涨一倍。

伽利略不断改进制作工艺，很快又制成了一架能放大
30 倍的望远镜，还把它对准了天空。几千年来，天文学家
单靠肉眼观察星空的时代结束了，一个崭新的天空展现在
人类面前。

哇，天体也有瑕疵

伽利略首先将他的望远镜对准月亮。他发现，月亮和
我们生存的地球一样，有高峻的山脉，也有低凹的洼地，
甚至根本比不上我们的大地，因为上面到处是光秃秃的，
还有数不清的环形山。这就是人们世世代代向往的天堂？
伽利略颇为失望，他写道：和亚里士多德说的刚好相反，
月球表面并非一片光滑，而是像地球表面一样粗糙不平，
布满高山、深谷和裂缝。伽利略亲手绘制了第一幅月面图，
并把月球上两条最显著的山脉取了两个意大利山脉的名
字——阿尔卑斯和亚平宁。

伽利略把望远镜对准太阳，发现太阳上有黑点。太阳是
一个光洁无瑕的白玉盘，怎么可能有黑点呢？他猜想也许是

水星走进了太阳圆面，但反复观察，黑点确实属于太阳，而且每天在日面上从东向西移动，约 14 天可穿过整个日面。伽利略意识到，这现象表明太阳在自转。1612 年，他正式公布了自己的发现：反复的观测最后使我相信，这些黑子是日面上的东西，它们在那里不断地产生，也在那里消解，时间有长有短。由于太阳大约一个月自转一周，它们也被太阳带着转动。太阳黑子的发现再一次动摇了亚里士多德式的宇宙观：天尊地卑——天体完美不变，洁白无瑕的太阳上不可能有污点。

"日心说"的新证据

伽利略把望远镜对准木星，发现木星周围有四个小光点，不停变换位置，在木星两侧移动——它们是环绕木星运行的卫星！伽利略把自己发现的这四颗星命名为美第奇星，美第奇是托斯卡纳大公，伽利略的赞助人，正好是弟兄四人。大公后来任命伽利略为比萨大学首席科学家，且不必担任教学任务，也不必在比萨居住。不过，美第奇星的名字让天文学家们大感不悦。根据传统，天体的名字用天神命名，一个世俗的权贵怎能与天神并列？因为木星神是朱庇特，也就是希腊神话里的宙斯，后来人们就把这四颗卫星分别命名为伊娥、欧罗巴、加尼米德和卡利斯托，其中伊娥、欧罗巴和卡利斯托都是宙斯钟情的美少女，加尼米德则是为宙斯斟酒的美少年，让他们在星空陪伴大神，实在是再合适不过了，这四颗卫星又统称为伽利略卫星。

伽利略认为，木星这个天体系统的发现，是对"地心说"的又一次否定。它清楚表明，并不是所有天体都围绕地球运行，地球并不是宇宙的中心。

1609 年夏天，伽利略把望远镜指向金星。在那些日子里，金星是明亮的晨星。伽利略通过望远镜观望，惊讶地发现了一个小小的月牙在放光，明亮的金星为什么成了一弯娥眉？为了进一步研究，又怕被别人抢先发现，他就把观测结果写成了一组字谜公开发表，这是当时一种保护发明权的时尚做法，欧洲人保护知识产权的意识实在比我们超前太多：

"Hace immature a me iam frustra leguntur, O.Y."

意思是"枉然，这些东西被我今天不成熟地收获了。"

12 月份，伽利略公布了他的谜底：

"Cynthiae figures aemulatur mater amorum."

即"爱神的母亲仿效狄安娜的样子。"

爱神的母亲就是维纳斯——金星，狄安娜则是月神的罗马名字，这句话的意思是，金星像月亮那样有圆缺变化。

伽利略认为，这现象是金星绕太阳公转的证据。当金星在轨道上靠近地球时，它和太阳的夹角越来越小，从地球上

看到的亮面越来越窄，于是呈现出越来越细的月牙形。（见图 4-1）

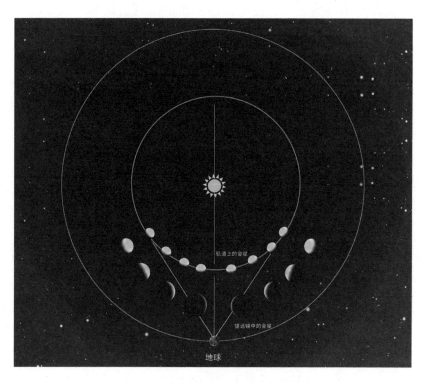

图 4-1　伽利略观测的金星示意图

一个真正天文学家的追求

伽利略很激动。1610 年 1 月，伽利略在给佛罗伦萨一位有权势的政客贝里萨罗写信时说：我无限地感谢上帝，因为他愉快地让我成为第一个看到这些奇迹的人。

伽利略抱负远大，他的理想绝不仅仅是通过望远镜欣赏宇宙天体的奇妙与美。和历代的思想者一样，伽利略试图理解宇宙万物运行的规律，以及它们背后隐藏的深邃思想。在写给寡居的女大公克里斯蒂娜的一封著名信件中，伽利略写道：

万能的上帝的光荣与伟大是可以在他的全部业绩中令人惊奇地看到的，在天空这本打开的书中十分美妙地读到的。不要让任何人以为，阅读写在那本书里的玄妙思想，不过是使人仅仅看到太阳与星星的光辉，看到它们的升降沉落而已，这些无论是野兽还是平民百姓，只要有眼睛，是都看得到的。这本书所显示的奥秘是那样难解，所表达的思想是那样高深，甚至在经过成千上万次不停顿的探索之后，成千上万个思想最敏锐的人即使彻夜不眠、辛勤劳作、苦心研究，也仍然没有把它们看透。

伽利略决定动笔写一本介绍最新天文学发现的书，他要向全世界公布他的观测结果，顺便宣传一下"日心说"的优点。1610 年 3 月，伽利略的著作《星际使者》在威尼斯出版，立即在欧洲引起轰动，第一次印刷的 500 册在短短一个月时间里就售罄。人们惊讶地争相传颂着伽利略的发现，当时流行的说法是：哥伦布发现了新大陆，伽利略发现了新宇宙。

与宗教冲突的根源

伽利略颇为有效的宣传使"日心说"引起了官方的关注，从而引发了自然科学与神学一次最著名的冲突事件。

宗教神职人员认为，根据《圣经》的启示，大地是不动的，太阳围绕着地球转。新教领袖加尔文严词指责"日心说"："谁人那么大胆，竟然将哥白尼的权威置于圣灵之上！"

另一位新教领袖马丁·路德曾这样攻击哥白尼："人们正在注意一个突然发迹的天文学家，他力图证明地球在旋转，而不是日月星辰诸天在旋转……这个蠢材竟想把整个天文学连底都翻过来，可是《圣经》明白写着，约书亚喝令停止不动的是太阳，而不是地球。"

马丁·路德的同事、新教神学家梅兰西顿指责哥白尼说："天空24小时旋转一周，我们的双眼就是见证。但是某些喜欢猎奇和卖弄聪明的人，却得出地球运动的结论。他们主张旋转着的既不是第八层天也不是太阳……只有那些缺乏虔诚的人才会公开地说出这种话来，一切有善良意志的人都应该接受并顺从上帝所启示的真理。"

《天体运行论》发表后最初半个世纪，争论和攻击是在很小范围内进行的，望远镜带来的新视野使冲突迅速扩大开来。伽利略的一位学生有一次去拜访女大公克里斯蒂娜，讨论到地球运动和"日心说"，女大公引用《圣经》经文来反对哥白尼学说，这位学生跟她发生了争论，并把争论内容写信告诉伽利略。

伽利略认为自己也是一个非常虔诚的天主教信徒，但他宣称"日心说"与《圣经》并不冲突，而是人们对《圣经》的理解有误，他写了一封公开信回应女大公克里斯蒂娜，信中谈到了一个极为重要的问题——如何解释《圣经》，这不单是宗教和科学之间，也是不同宗教派别之间冲突的根源：

《圣经》虽然不可能错误，但讲述和解释《圣经》的某些人却有时可能犯错误。错误可能是各种各样的，其中一个很严重的错误传播很广，这指的是，如果我们想一个一个地理解某些词句，那么这就错了。因为这样一来，跟着出现的不仅有各种各样的矛盾，而且会出现一些异端邪说，甚至出现亵渎神明的行径。如果照表面判断，一词一字地去理解《圣经》词句，是因为要适合大多数人的理解力，其中就讲了许多与真理不符的话。其实与此相反，大自然是坚强的和不变的，它完全不关心它所隐含的原理及行为方式是否为人们所容易理解，因为它永远不会超越它本身的规律的界限。因此，我觉得既然谈的是我们的感官直接了解到的，或者是利用不可否认的论据经过推理得出来的自然现象，那就不应让我们怀疑《圣经》经文中那些显然具有其他意义的词句，因为《圣经》里无论哪一句格言，都不具有任何自然现象所具有的强制力量。

伽利略说得很有道理，却忽视了另一个重要问题——当时的他并没有解释《圣经》的权利和自由，解经权在罗马教廷，而根据字面解释《圣经》是宗教界的传统。伽利略说得再有道理也不会有多少人听，他这种偏离字面意思解经的方法惹怒了很多神职人员，他们控诉他宣扬离经叛道的邪说。恰恰当时伽利略正志得意满，认为自己不但和神职人员一样熟悉《圣经》，同时还更熟悉天空，真理握在自己手里，既然大家声称自己信仰的都是真理，有什么可怕的呢？他认为自己最好到罗马走一趟，把自己的态度和立场讲得更清楚，也给那些保守的神职人员普及一下宇宙新发现。1616 年，伽利略来到罗马，受到政府和民众的盛大欢迎，但结果很不利，哥白尼的《天体运行论》被列入禁书名单，在被证明正确前禁止发行和传播，伽利略被明令禁止宣传扬哥白尼学说。但这时候伽利略的处境总体还算不错。1620 年 8 月 20 日，未来的教皇马费里奥·巴贝里尼作诗一首以表达对伽利略的仰慕之情：

抬头仰望天空，

我们看到了什么？

土星有双明亮的眼睛，

她的双眼流露出牛奶般的泪花，

这些都是因为有了你的（无所不能的）望远镜，

我们博学可敬的伽利略！

伽利略受审判

1623 年，写诗赞美伽利略的巴贝里尼继任教皇，成为乌尔班八世。伽利略认为自己时来运转，去罗马谒见教皇乌尔班八世，争取他的理解和同情，并力图向教皇说明"日心说"可以与基督教教义相协调，说《圣经》是教人如何进天国，而不是教人知道天体是如何运转的；他也试图说服一些大主教接受这个观点，但效果不彰。

于是，伽利略决定撰写《关于托勒密和哥白尼两大世界体系的对话》一书，把事实摆出来，让人们自己去评判。书中假拟了三个人做四天对话，其中一个是求知欲很强的人，他提出疑问；一个是守旧派，站在亚里士多德和托勒密体系的立场上回答；另一个是新派，站在哥白尼体系的立场上辩论，此人便是伽利略的影子。在写作过程中，教皇乌尔班八世私下找到伽利略，要他在书中就"日心说"保持中立立场，正反两方面的意见都要写，同时要求将他自己的意见也放在书中，这个要求后来被伽利略戏剧化地完成。伽利略虽力求客观，却不由自主地加进了自己的主观感情。书中为亚里士多德地心体系辩护的辛普利西奥，常常自相矛盾，丑态百出，而辛普利西奥这个名字在意大利文中的意思是大笨蛋，伽利略将乌尔班八世的话放到了辛普利西奥的嘴里！

伽利略不是出于恶意，也许是想制造一些幽默效果，但他低估了著作产生的后果。乌尔班八世没有忽略这公开的侮辱，也没有轻视这本书对哥白尼学说的宣扬。伽利略被教皇这个最大最重要的支持者疏远，并被传唤到罗马接受审讯。

1633 年 6 月 22 日，伽利略在圣马利亚修道院的大厅里，双膝跪下，宣读事先拟好的声明，宣誓放弃信仰哥白尼学说：

为消除庭上诸位大人和每一位真正天主信徒对我的强烈疑虑，我在此谨以诚挚和无伪的信仰，宣告唾弃、谴责、憎恶前述之谬论和异端，以及其他与天主的教会相违的每一项谬论、异端和旁门左道；我发誓从今以后，无论是口头或书面，永远不再说或主张这些东西，以免再引起类似的疑虑。

有记载说，伽利略从地上爬起来时喃喃自语："但地球仍然是运动的啊。"甚至有人说，伽利略是仰头看天和跺着脚说这句话的。根据《伽利略的女儿》记载，这是不可能的，伽利略在许多方面受惠于教会，他根本无意在那个特殊场合说出那种挑衅的话，他可能在以后当着另一些人说过，但绝不是在那一天。

最后的岁月与新物理学的诞生

接下来的 8 年里，伽利略被软禁在佛罗伦萨近郊的家中，写出了另一部伟大的著作：《两种新科学之对话》，新物理学由此诞生。

1638 年，失去自由的伽利略迎来了一位年轻仰慕者——30 岁的英国诗人弥尔顿。一个是潜心研究自然的衰老囚徒，一个是少年气盛富有激情的诗人；一个用望远镜探索宇宙，一个用心灵感悟世界，两人一见如故。科学家和诗人，超越了一切外在差别，感受到了心灵的共鸣。面对由于自由思想而被囚禁的伽利略，弥尔顿感受到了自由的宝贵，由此孕育了他的那句名言："最高形式的自由是按照自己的良心去自由地了解、自由地阐述、自由地辩论。"若干年后，同样双目失明的弥尔顿在那部气贯长虹的诗篇《失乐园》里，写下了伽利略的发现：

这银河

你看到的，

洒满恒星……

　　1642 年 1 月 8 日，伽利略离开了人世。350 年后的 1992 年 10 月 31 日，罗马天主教给伽利略平反。

第5章
椭圆轨道奏鸣曲

天体如歌，只为心智所领悟，不被人耳所听闻。

超级富豪天文学家

1546 年，也就是《天体运行论》出版后第 3 年，第谷在丹麦出生。他有一个大富豪叔叔，没有子嗣，第谷出生前父亲曾许诺将他送给叔叔，后来却舍不得，叔叔很生气，派人将幼小的第谷抢去，第谷被迫成了巨额财产的合法继承人。

第谷极其聪明，13 岁进入哥本哈根大学，14 岁时观看了一次日食。令他惊讶的是，学者居然可以参考托勒密的星表，正确预测日食发生的日期，虽然时辰并不太准确。他回忆道，我觉得这很神奇，人类竟然可以这么精确地知道众星的运动，进而事先预知它们的位置和相对关系。

养父去世，19 岁的第谷成了大富豪。他继承了大约相当于丹麦全国百分之一的财富。20 岁时第谷成了星象大师。那年发生了一次日食，第谷预言说，奥斯曼帝国第 10 位苏丹苏莱曼一世要死了，不久后果然传来了这位苏丹的死讯。当时土耳其奥斯曼帝国如日中天，基督教欧洲处在它的扩张阴影下，第谷的预言使他声名鹊起。财富、名声和学识集于一身，年轻的第谷很是气盛。这年年底，他参加一个教授的家庭舞会，因为一个数学问题和一个贵族青年争吵起来，相约以决斗定胜负，结果第谷被削掉了鼻梁，从此不得不戴着一个"义鼻"。20 世纪初，考察人员打开第谷的墓穴，发现他的鼻尖部位有绿色锈斑，表明他的"义鼻"中铜的含量很高。

30 岁时，第谷成了丹麦海峡里一个小岛——汶岛的岛主。第谷的养父曾救过丹麦国王腓特烈二世的命，国王很感恩，赐给第谷一吨多黄金，让他在汶岛建造天文台。这是基督教在欧洲第一个重要的天文台，除了两个观测台——天堡和星堡，还有天文仪器修造厂、造纸厂、印刷厂、图书馆、工作室以及各种舒适的生活设施。

第谷在岛上研制了很多大型天文观测仪器，其精度达到了肉眼时代无可争议的最高峰，当然，它很快就会被望远镜淘汰，但在东方，它还会展现生机。1673 年，康熙命来华传教士南怀仁建造天文仪器，南怀仁参照第谷所著《新天文仪器》，建造了六件大型青铜仪器，这些仪器几乎就是第谷使用仪器的仿制品，至今仍完好地保存在北京建国门古观象台上。第谷身兼天文学家和星象学家双重身份，受命为丹麦王室提供占星服务。他恪尽职守，为每一个人撰写的占星报告都内容详尽，厚达几百页。比如他为克里斯蒂安王子撰写的占星报告中预言，王子将始终病魔缠身，12 岁将有大病，29 岁要特别注意健康问题，56 岁很可能就是大限，倘能过此一劫，王子将有幸福的晚年。第谷深谙命运与星象的关系，他在每份占星报告最后都强调：所有预言都不是绝对的，人的命运虽然可以由天象来揭示，但也可以因人的意志而改变，还可以因上帝的心意而改变。占星学家不能利用星辰来限制或束缚人的愿望，相反必须承认生命本身有比星辰更崇高的东西。只要人能够正确地生活，就能克服甚至转化星辰的不幸影响。

第谷誉满天下，欧洲各国的学者都来拜访他，很多国王和贵族也都希望能到汶岛这个天空之城参访，以证明自己爱好天文。

击穿天球

同一切有抱负的天文学家一样，第谷最感兴趣的，当然是揭示宇宙的构造。1572 年 11 月 11 日，仙后座突然出现了一颗明亮的星星，它越来越亮，甚至超过金星，然后又渐渐暗下来，前后持续时间有一年半之久，这让人们惊讶万分。由于深受亚里士多德思想影响，人们相信月球之上的天空是完美无缺且永恒不变的，所以那颗新星应该是大气层中的东西。可是第谷发现它在仙后座里根本就不移动，由此断定这颗星位于"恒星天球"上。这个结论引起了巨大震动，水晶般的恒星天球被"第谷新星"击出了裂纹。

1577 年，一颗大彗星出现在天空。在当时一张印刷于布拉格的绘画中，彗星的大尾巴跨越天空，人们深感震撼和恐怖。这时第谷已经成为汶岛主人，他动员全部力量来测量大彗星——它因此被命名为"第谷彗星"。

关于彗星，流行的观念是亚里士多德教导的：无规律出现的彗星与天空的完美永恒不一致，因而只能是一种大气现象，这样，它的高度只能在月亮下面。

但是第谷发现了一个重大问题。还记得古希腊人是如何确定行星远近的吗？依据的是移动速度，速度快的距离近，速度慢的距离远。第谷比较了彗星的移动速度，发现它不但比月亮远，而且还由远到近再由近到远，越过了不同的行星轨道，也就是说，它竟然毫不费力地穿越了一层层水晶般的行星天球！

折中的宇宙

第谷非常崇拜哥白尼，还在自己的房间里供奉哥白尼的画像，因为他理解哥白尼理论的优点。但是第谷认为哥白尼体系的最大问题是不能和《圣经》调和，因此，他既不赞同托勒密，也不能完全接纳哥白尼，于是提出一个折中的宇宙体系。在这个体系里，行星围绕太阳运行，太阳则带着行星围绕地球运行。（见图5-1）

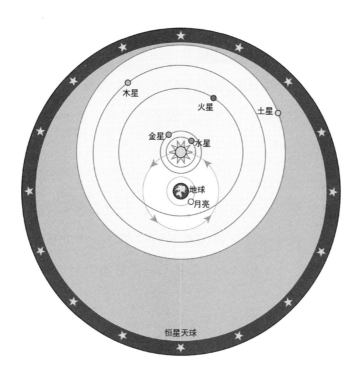

图5-1　第谷的宇宙体系

第谷的宇宙体系在欧洲影响时间很短，因为他的接班人很快就把它彻底埋葬了。然而，无心插柳柳成荫，这体系却在遥远东方的中华大地成为官方天文学说，流传了二百多年。

　　1629年，明朝大臣徐光启奉命召集来华耶稣会士修撰《崇祯历书》，就是用第谷宇宙体系作为理论基础。1644年，明朝灭亡，耶稣会士汤若望将《崇祯历书》略加修订，更名为《西洋新法历书》，献给清廷。顺治二年（1645年），清廷决定启用新历，并任命汤若望为钦天监监正——皇家天文台台长，后再升任"光禄大夫"，还赐名"通玄教师"。

　　西方传教士受皇帝宠信，引起一些人强烈不满。1660年，大学士杨光先发难，斥责天主教士的无稽，甚至对"地球是圆的"大加批判：

　　若四大部洲，万国之山河大地，是一个大圆球……球上国土之人之脚心与球下国土之人脚心相对……竟不思在下之国土人之倒悬……有识者以理推之，不觉喷饭满案矣！

　　在麦哲伦环球航行100多年之后，杨光先引经据典论证天圆地方：

　　天德圆而地德方，圣人言之详矣……重浊者下凝而为地，凝则方，止而不动。

　　顺治帝死后，1664年，清廷开始对汤若望等耶稣会士审讯，这时候汤若望已经73岁，病体老迈，口塞舌结，结果仍被判处死刑。因北京突发地震，未及时执行，在孝庄太后干预下免死，但钦天监的李祖白等五名中国天文学家被斩首，杨光先取代汤若望任钦天监监正。康熙皇帝亲政后，通过实际天象验证，发现汤若望的历书明显优越，遂罢黜杨光先，启用新历书，恢复汤若望"通玄教师"的称号，任命传教士南怀仁为钦天监监正，以第谷宇宙体系为基础的历法得以继续使用，直到清末。

回到第谷这里。在汶岛生活和观测 20 年之后，由于新国王对天文事业热情不高，第谷黯然离开，投奔新的赞助人——神圣罗马帝国皇帝鲁道夫二世。1599 年 6 月，第谷到达鲁道夫二世当时的驻地布拉格，鲁道夫二世把城外小山上的贝纳特屈城堡赐给了他。

第谷想用自己的观测数据揭开行星运行的最终秘密，却力不从心，因为他不太擅长数学。此时南方一颗耀眼的科学巨星正冉冉升起，那就是开普勒，于是第谷向他发出了邀请。

穷困而高贵的追求者

1571 年的一个寒冷冬天，开普勒在德国南部一个偏僻小城降生，童年时患过天花、猩红热，疾病给他留下一只半残的手和很差的视力。父亲为了谋生，在开普勒 5 岁时离家当了一名危险的雇佣兵，最后死在战场上。开普勒的 5 个兄弟姐妹中有 3 个夭折，活下来的弟弟是癫痫病人。

开普勒 6 岁时，天空出现了一颗大彗星，妈妈领着他到一处高地观看彗星。他 9 岁那年，发生了月全食，他被妈妈叫到屋外的空地，看到了一个红红的圆月亮。神奇的天空引起了开普勒的好奇，他喜欢站在山坡顶上，看着太阳沉沉西去，等待着星星一闪一闪从天穹里出现，那星光点亮了开普勒的眼睛。1594 年，大学刚毕业的开普勒被推荐担任格拉茨大学的数学与天文学教师。这一年，开普勒出版了他第一本占星年历，年历中预言，1595 年天气大寒，且有土耳其人入侵等，据说都应验了，开普勒名声大振。那个时代，天文学和占星学并没有太多区分，但占星学赚钱要容易得多。开普勒无奈地说："占星学女儿不挣钱回来，天文学母亲就要饿死了。"

开普勒相信上帝按照数学定义宇宙，用几何学描绘宇宙。他发现规则的多边体按照规定的比率与一个内切圆球和外接圆球相连。经过反复绘图和测算，开普勒发现，把正八面体、正二十面体、正十二面体、正四面体和正六面体按顺序嵌套在内切与外接圆球里，层层相套，产生 6 个球面，这 6 个球面的半径比例正好对应着已知的 6 个行星——水星、金星、地球、火星、木星和土星——到太阳的距离。这样一个纯属巧合的结果让开普勒无比喜悦，认为自己发现了上帝对宇宙的几何规划，并据此出版了《宇宙的神秘》。

　　新书的出版给开普勒带来了声誉。然而，社会环境也越来越严酷，天主教与新教的冲突愈演愈烈。1598 年，身为天主教徒的巴伐利亚大公费迪南德发布一道强硬命令，驱逐所有新教徒出境，否则将处以极刑。不愿放弃新教信仰的开普勒和家人被迫背井离乡，陷入困顿。正在这时，第谷的邀请信来到了。

　　开普勒欣喜若狂，不但是绝处逢生，更因为那里有他梦寐以求的精确天文数据。他带着妻子儿女，忍着饥寒劳累，长途跋涉，投靠第谷而去，不幸又病倒在中途。开普勒在一个小客栈里躺了几个星期，想到自己可能死去，妻儿也可能会饿死，他真是肝肠寸断。好在慷慨的第谷及时寄来了钱，开普勒得以安心静养，最终康复。1600 年 2 月 3 日，是天文学史上具有重要意义的一天，29 岁的开普勒来到第谷身边，两颗巨星交会，揭开了天文学史的新篇章。

　　1601 年 10 月 24 日，第谷在一场国王赐宴中喝了太多啤酒，碍于面子不愿告退，导致膀胱撑破而死。开普勒被指定为第谷接班人，担任御前数学家，开始了行星运动的研究。

行星运行三大定律

　　开普勒的第一场战斗对手是战神玛尔斯——火星。火星神秘莫测，而且很不老实，总是越轨，无论是托勒密还是哥白尼，都不能准确地预言它。但由于火星比木星和土星跑得快，很容易记录它的位置，在第谷的数据中火星的资料最为丰富。第谷当初托付开普勒时曾说："我把火星交托于你，它是够一个人麻烦的了。"

开普勒的研究一开始就建立在"日心说"基础上。最初，开普勒用循规蹈矩的正圆轨道约束战神，战神根本就不买账。开普勒再移动太阳，效法托勒密使太阳偏离火星轨道圆心，先后计算了 70 个偏心圆轨道，没有一个能够符合第谷的数据。

研究天体运行的开普勒并不能及时得到自己的俸禄。1607 年，他在给友人的信中诉说道："我整日饥肠辘辘，就像时刻盯着主人的一条狗。"

奋战了 8 年后，开普勒终于意识到了问题所在。他回忆说："我最大的错误是一直假设所有行星的轨道都是正圆，这是因为该项错误既受到所有哲学权威的支持，又与形而上学的理念暗合，结果危害更大。"开普勒写信给天文学家法布里休斯说："行星的轨道是个完美的椭圆。"法布里休斯很快回信批评开普勒的理念荒唐，因为正圆的对称性是诸天所具有，也是一千多年来所有人坚持的信条，岂可轻言放弃？开普勒已经不为这种论调所动了，他在椭圆轨道中看到了天体运行新的和谐。1609 年，开普勒发表了行星运行的前两条定律。

　　开普勒行星第一定律：所有行星围绕太阳运动的轨道都是椭圆，太阳处在椭圆的一个焦点上。

　　什么是椭圆呢？在桌子上钉两个钉子，把一根绳子两端绑在钉子上，用一支竖直铅笔拉着绳子在桌子上移动，铅笔就会在桌子上画出一个椭圆，两个钉子就是椭圆的焦点。

　　开普勒行星第二定律：对于每一个行星而言，太阳和行星的连线在相等的时间内扫过的面积相等。

　　既然是椭圆，行星的运行就不会是匀速的了，而是离太阳近的时候速度快，远的时候速度慢，其连线在相等的时间内扫过的面积相等。

　　椭圆轨道使太阳系彻底解放出来，呈现出简单和谐的本来面目。当初哥白尼因为固守匀速圆周运动的信条，不得不继续使用本轮和均轮解释行星运行，最终使用了 34 个轮子。而在开普勒这里，只用了 7 个椭圆轨道，就完美地解释了日月五星的运行。

　　两条行星运动定律发表的时候，伽利略刚刚用望远镜观测天空并引起了巨大轰动。开普勒致函伽利略，要求支援一台望远镜，或者至少能拿到几个镜片，但不知何故伽利略没有理会。开普勒只好自己研究，很快于 1611 年出版了《天文光学》一书，并发明了开普勒式的望远镜，后来几乎所有的折射望远镜都是开普勒式的。

两条行星定律的发表和望远镜的发明并没有给开普勒带来多少欢乐。1611 年，新教徒与天主教徒爆发了战争。在动荡的痛苦中，开普勒的三个孩子都染上了天花，其中 6 岁的儿子死去，妻子也染上伤寒离世。尽管这样，处境悲惨的开普勒依然能够听到宇宙和谐乐声的召唤，他又专心致志地回到这伟大的事业上来。

开普勒的目光转向了行星的周期和距离上，又奋战了 8 年，经过了无数次失败之后，开普勒终于发现了行星运行第三定律：

行星公转周期的平方与它到太阳距离的立方成正比。

开普勒无法抑制内心的狂喜，在 1619 年出版的《宇宙的和谐》第五卷序言中写道："总之书是写成了，骰子已经掷下去了，人们是现在读它，还是将来后代子孙读它，都无关紧要了。既然上帝为了他的研究者已经等了 6000 年（注：指某些研究者依据《圣经》推算出的宇宙年龄），这本书为它的读者再等上 100 年又有何妨呢！"

新书的出版依然没有给开普勒带来太多幸福。天主教和新教展开了大规模宗教战争，社会动荡不安。1620 年 8 月，开普勒的母亲被人诬陷为女巫被捕，面临火刑，开普勒奔波了一年多时间，终于把母亲解救出来，但由于惊吓过度，母亲很快就离世了。

宇宙和谐的信仰

开普勒对音乐有很深的造诣，他相信宇宙内在有一种和谐的乐声，每当他陷入对行星轨道的沉思时，总能激情满怀地感受到和谐乐声的奏鸣。在他眼里，太阳系行星的运行就像美妙的协奏曲。行星运动快时奏响的是高音，慢时是低音；水星和金星是女高音，地球是男高音，木星和土星是男低音，火星是男声的假声。

开普勒写道：

天体的运行只不过是一首歌，一首连续的、几个声部的歌，它只为心智所领悟，不被人耳所听闻。

360 年后，美国耶鲁大学的音乐教授们按照开普勒的思想灌制了"行星音乐"唱片。他们将行星公转周期、偏心率、近日点、远日点位置等数据按比例加以变通，使其转变为人耳能听见的频率。水星和火星的歌急速而宽广；木星的歌缓慢而深沉；土星像闷雷；金星和地球如泣如诉，充满感伤；天王星和海王星发出清脆的节拍，像钟表的嘀嗒声，又像低音鼓的咚咚声；它们共同协奏出一曲气势恢宏的太阳系行星之歌。

　　1630 年 11 月 14 日，一个阴寒的秋日，开普勒辞别家人，骑着一匹瘦马，去布拉格向政府索要拖欠了多年的薪俸。走到一个小镇，开普勒病倒了，这一次，他没有再起来。尘世的喧嚣和苦难终告结束，从天上传来宇宙和谐的乐声，就像大海的波涛，涤荡着他那瘦弱的躯体。开普勒静静地躺着，慢慢地融入到他毕生研究的宇宙星空里。

　　开普勒被葬于拉提斯本的圣彼得教堂，墓志铭这样写道：

　　我曾测量天高，今要丈量地深。肉体长眠于地，灵魂归于天国。

　　战争狂潮很快荡平了开普勒的坟墓，但行星运动定律是一座伫立在天空的永恒丰碑，开普勒因此被后人誉为"天空立法者"。

第6章
归来的彗星

淡定从容来自对自然规律的认识。

如约而至

1758 年，欧洲掀起了一股寻找彗星的热潮，因为早在几十年前就有人预言，一个大彗星将在这一年重现天空。法国人梅西耶是寻彗高手，他不放过每一个晴夜，指望摘取第一个发现者的桂冠。

梅西耶于 1730 年出生于法国洛林，他的 12 个兄弟姊妹中有 6 个夭折，童年时父亲也离世了，他只好辍学。他 14 岁那年，天空出现了一颗极为壮观的彗星，拥有 6 条扇形尾巴，这奇异天象深深打动了少年梅西耶的心灵。21 岁时梅西耶只身一人到巴黎闯荡，因为能写一手好字，当上了一位天文官的助手。他的第一项工作是复制一张中国大地图。几年后，精明能干的梅西耶接任了天文官的职务。

梅西耶热衷搜寻彗星。彗星刚出现时只是一个很淡的云雾状斑点，星空里有很多位置固定的云雾状天体，有星云，有星团，有星系，那时候人们还无法明确区分它们，就都称为星云。星云和刚出现的彗星很容易混淆，梅西耶就制作了一个星云列表，列在这个表上的天体后来被称为"梅西耶天体"，以梅西耶名字的第一个字母 M 表示，比如 M1 是金牛座蟹状星云，M31 是仙女座大星云，M42 是猎户座大星云等。

梅西耶的望远镜很一般，口径只有 6 厘米，即使这样，他还是发现了 21 颗彗星，被法国国王称为"彗星猎手"，他也因此先后成为柏林科学院院士（1769 年）和巴黎学士院院士（1770 年）。

1758 年的时候，梅西耶还默默无闻，努力地搜寻彗星。几个月后，梅西耶果然发现了一颗，他无比激动，很快发表了自己的观测报告：

我发现了 1758 年彗星，8 月 28 晚，它位于金牛座的两个牛角之间，距离天关星只有一小点……

可惜，梅西耶发现的并不是真的彗星，而是蟹状星云。1759 年 1 月 21 日，梅西耶终于发现了彗星，可令他沮丧的是，一个德国农夫已经在一个月前发现了它。即便如此，梅西耶还是在法国一举成名，因为这颗彗星的名气实在太大，它就是哈雷在半个多世纪前预言要回归的大彗星。

恐怖的大彗星

哈雷预言的这颗彗星曾在 1682 年出现。那是彗星的季节，在 4 年里接连出现了 3 颗大彗星。首先是 1680 年大彗星，12 月 18 日它运行到近日点，比满月还亮 100 倍，紧挨着太阳，巨大的尾巴横贯半个天空。

这天象实在是太奇特，也太恐怖，因为彗星自古就被人们视为灾祸的征兆，每次出现都会给人带来很多恐慌。

1681 年春天，大彗星刚刚消失，紧接着，1682 年和 1683 年，天空又接连出现了两颗明亮的彗星，社会上又是惊恐不安。自古以来人们对彗星形成的恐惧之心就一代代流传，在一幅图画里，彗星都被描绘成可怕的刀剑。（见图 6-1）

在那时，能保持冷静的人非常少。古罗马哲学家塞内克对彗星的认识是少有的清醒。他说，"彗星按照自然所规定的路径有规律地运行"，并且预言，后代的人会对那些不能认识很明显的真理的愚蠢人感到惊诧。

1680 年，大彗星出现在天空的时候，哈雷 24 岁，他已经是一位很有名望的天文学家了。4 年前，哈雷在牛津大学即将毕业时，遇到了一个难得的观测机会，他果断放弃学位，携

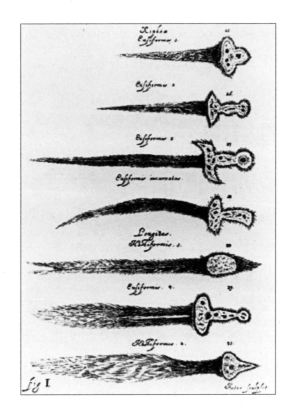

图 6-1　古画中彗星的样子

带天文仪器来到孤悬于南大西洋的圣赫勒拿岛，就是后来流放拿破仑的地方，在那里建立了一座天文台，观测北半球看不到的南天星空。一年之内，哈雷便绘制成了第一份南天星表，一举成名，被人誉为"南天第谷"。

哈雷是有抱负的天文学家，决心揭开彗星的奥秘。他仔细观测、记录彗星的位置，以及在星空的逐日变化，要找到自然规定的那个路径规律。

　　哈雷发现，要是太阳对行星引力的大小与距离平方成反比就好办了，可他无法证明这个结论。1684 年 8 月，哈雷来到剑桥拜访牛顿。哈雷问牛顿："假如行星受到太阳的引力大小与距离平方成反比，行星该以怎样的轨道运动？"牛顿不假思索地回答："椭圆。"哈雷十分震惊，立刻询问计算方法，牛顿在抽屉里翻找半天，并没有找到，便答应重做一份给哈雷寄去。

万有引力定律

　　牛顿早在 1666 年就深入研究过哈雷提出的问题。那年爆发了大瘟疫，剑桥大学关闭，23 岁的牛顿回到了林肯郡的家乡，于是就有了著名的苹果的故事。

　　牛顿想，假设使苹果落下的引力自地心发出，延伸至月球，力的大小与距离平方成反比。因为苹果树到地心的距离是地球的半径，月球与地心的距离是地球半径的 60 倍。这样，物体在月球轨道处受到的地心引力应该是在地面处的 1/3600，月球轨道处的加速度就是地球表面的 1/3600。

　　苹果在落向地心的第一秒里走 4.9 米。如果把它放到月亮那样高的地方自由落下，在第一秒钟内，它落下的距离是上述距离的 1/3600——1.35 毫米。月亮的运动正是如此，它在第一秒内也会向地球下落 1.35 毫米。既然有这样的坠落，为什么月亮没有落到地球上呢？因为月亮有切向的速度，在 1 秒钟内，月亮在轨道上前行 1017 米。如果没有地球的引力，月亮便会沿切线方向飞出去。地球的引力是一种向心力，使月亮向下坠落，结果便是月亮环绕地球运行。

天才的牛顿从而领悟到，使物体坠落到地面的地心引力和使月亮在它轨道上运行的力量，实则是同一种力量！可那时的测量水平没有精确到足够给予这个发现以无可辩驳的证明，于是牛顿停留了 16 年。1682 年，牛顿听说了法国天文学家皮卡尔测量地球周长的新结果，就立即重新进行计算，万有引力定律由此诞生。

牛顿还利用他发明的微分学方法证明，如果太阳有这样一种力的作用，每个行星会走一个椭圆轨道，太阳就在这些椭圆轨道的一个焦点上，这正是开普勒行星第一定律。

哈雷的预言

我们再回到彗星的研究上来。万有引力是个空前强大的科学武器，哈雷立即把它用来计算彗星的轨道。哈雷想，如果彗星是在一个以太阳为焦点的椭圆轨道上运行，有朝一日它还会转回到太阳附近，地球上的人们可以再次看到它，也就是说，某些彗星会周期性地回归。（见图 6-2）

哈雷查阅以前的观测记录，发现开普勒于 1607 年观察到

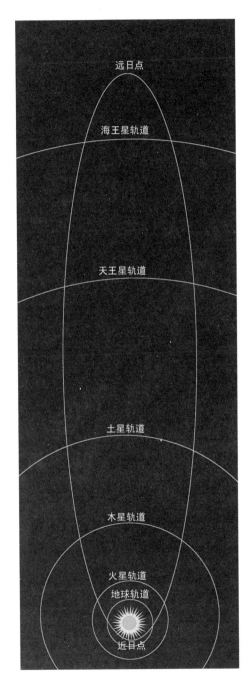

图 6-2　哈雷彗星的椭圆轨道

的一颗彗星与自己于 1682 年观测的彗星的轨道相似，两次彗星出现的间隔是 75 年。如果这是一颗周期 75 年的彗星，肯定可以找到它先前的记载。果然，哈雷很快找到一颗 1531 年的彗星，轨道与前两颗极相似，但时间间隔却是 76 年。为什么有差异呢？它们是同一颗彗星吗？哈雷很快领悟到，彗星在太阳系空间运行时会受到其他行星，尤其是木星、土星等大行星的引力摄动影响，轨道会发生小小偏离，从而使周期发生改变。哈雷继续不厌其烦地向前搜索，发现 1456 年、1378 年、1301 年，一直到 1066 年，都有大彗星的记录。

1066 年大彗星非常著名，它关联着一次重大历史事件。那年 9 月，诺曼底公爵威廉率领大军，准备横渡英吉利海峡攻打英国，拖着尾巴的彗星在夜空出现。威廉怀着复杂的心情，注视着夜空中的长尾天使，最终解读为是上帝下达的攻击命令。果然，威廉的军队在黑斯廷斯会战中击败英国军队，英王哈罗德阵亡。威廉随后占领伦敦，圣诞节那天在威斯敏斯特教堂加冕为英国国王。威廉的妻子马蒂尔把大彗星的景象绣在一块挂毯上，纪念这次胜利。

彗星在 1456 年的出现也极为引人注目，那时土耳其人刚刚占领君士坦丁堡，欧洲人正处在惊恐不安中。这年 3 月，彗星出现在夜空，大而可畏，尾巴之长掩盖了黄道的两宫——约 60 度，那摇荡的、火焰的形态，仿佛是震怒的天神，教皇命令信徒们更加虔诚地祈祷，来扭转战争局面。

1705 年，哈雷发表了《彗星天文学论说》，宣布 1682 年曾引起世人极大恐慌的大彗星具有大约 76 年的周期，它将于 1758 年或 1759 年再次出现于天空。后来，法国天文学家和数学家拉朗德进行了 6 个月的细致计算，发现土星的引力影响会使彗星这次回归推迟 100 天，木星的引力影响会推迟它 518 天，总共 618 天，彗星下次回归要比平均周期延迟 1 年多，应当在 1759 年 4 月到达近日点。

76 年，对天体来说只是短暂的一瞬，对一个人来说却过于漫长。哈雷做出预言之时已年过五十，而彗星回归还要再等五十多年，哈雷预感有生之年无缘再见到它，就在书中写道："如果彗星最终根据我们的预言，大约在 1758 年再现的时候，公正的后代将不会忘记这首先是由一个英国人发现的……"

1742 年 1 月 14 日，哈雷在平静的等待中离开了人世。17 年之后，彗星终于如约出现在天空，在预言的星座之间穿过，1759 年 3 月 12 日到达近日点，长尾扫过众星，在夜空里熠熠生辉，宣告哈雷的胜利，更宣告了牛顿力学的伟大胜利。这一次，社会上没有出现大规模恐慌，人们因为了解真相而从容淡定，万物遵循自然法则的信念开始深入人心。

第7章
新疆域

笔尖上计算出的行星把牛顿力学推上光辉的顶峰。

乐师出身的天文学家

威廉·赫歇尔于 1738 年出生在德国的汉诺威，他从小喜欢音乐，跟从父亲学习拉小提琴，吹奏双簧管。在晴朗的夜晚，赫歇尔会跟着父亲到户外认识天上的星座，一闪一闪的小星星在赫歇尔的心中种下了天文的种子。16 岁时赫歇尔离开了学校，加入了禁卫军乐团，担任小提琴和双簧管演奏员。后来德国卷入了英法七年战争，赫歇尔不堪忍受战争之苦，当了逃兵，偷渡到英国。

34 岁时，儿时的种子开始发芽，赫歇尔狂热地爱上了天文学。由于买不起昂贵的望远镜，他决定自己动手磨制镜片，制造望远镜。那时的镜片是用铜盘磨制，把坚硬的铜盘打磨成极为光洁的凹面，表面误差比头发丝还要细许多倍，难度可想而知。赫歇尔常常一干就是十多个小时，吃饭甚至还得由妹妹卡罗琳来喂。连续失败了 200 多次后，1774 年，赫歇尔初尝胜果，制成了一架口径 16 厘米的反射望远镜。就是这架小小的望远镜，为人类探索太阳系开辟了新的疆域。

1781 年 3 月 13 日夜晚，赫歇尔给望远镜配上放大 227 倍的目镜，对准双子座内的黄道附近，立刻，一颗具有小圆面的星出现在视域里！赫歇尔极为兴奋，他给望远镜换上放大 460 倍的目镜，那星的圆面变大了，发出淡蓝色的光。赫歇尔持续观测好几个夜晚，发现那颗星在缓慢移动位置。赫歇尔感觉自己捕到了一条大鱼，要知道，所有恒星在普通望远镜里都是针尖般的小点，而且恒定不动，这个会动的小圆面太不寻常了，它肯定是太阳系内的一个新天体。

会是一颗未知行星吗？赫歇尔不敢那样想。自有文明以来，天空中肉眼可见的行星就只有五个，加上太阳和月亮统称七曜。那时候很多人对数字"七"情有独钟，认为"七"是一个圆满的轮回，一个星期有七天，人有七窍，天上的日月五星也正好是七个，如果再出现一颗新行星，岂不破坏了七曜的圆满？千百年来，人们已经习惯了第七重天上的土星是行星的边界，如果再来一颗更远的行星，传统观念将受到巨大冲击。

赫歇尔只好报告说，自己发现了一颗新的彗星，可这颗彗星却既无彗尾又无彗发；天文学家测量出它的轨道，很接近圆形，而彗星轨道通常是很扁的椭圆。天文界沉默了一段时间后，终于确认，它的的确确是一颗新行星！

赫歇尔把新行星命名为"乔治星"，以感激他的支持者英王乔治三世，天文学家们则坚决反对，行星都以诸神的名字命名，乔治三世虽为君王，也决不可和众神并列。

叫它什么好呢？既然木星是众神之王朱庇特，土星是朱庇特的父亲萨图恩，新行星比土星更高远，它不就该是土星神萨图恩的父亲吗？对，就是萨图恩的父亲乌拉诺斯，中文翻译为天王星，自此，希腊神话的三代天神在太阳系团聚了。

赫歇尔是幸运的，天王星是一颗肉眼都可以勉强看到的星，在望远镜中当然不算很暗淡，它在幽暗的远方遨游，一次次进入天文学家的视野，又一次次成功逃脱——天文学家们误认为是暗淡恒星而放过它。从 1750 年至 1769 年，一位叫勒莫尼埃的天文学家曾经观测到它达 12 次之多，可是这位天文学家有些粗心急躁，没有下工夫整理自己的观测记录，还有几位天文界的大腕，也都观测到过这颗行星，同样未能辨识出来。

赫歇尔很快名扬天下，热心的天文爱好者英王乔治三世召见了他，给以终身俸禄，并赐以住宅，任命赫歇尔的妹妹卡罗琳为助理天文学家。卡罗琳完全配得这样的荣誉和待遇，她一生未婚，协助赫歇尔进行天文观测，并且单独发现了 8 颗彗星。

英王又赐给赫歇尔 4000 英镑的巨额资金，让他造更大的望远镜。赫歇尔想造一架口径 3 英尺（75 厘米）的，由于没有厂家能铸造这么大的镜面，赫歇尔依然选择自己动手，车间就在地下室，用作燃料的马粪在院子里堆积如山。浇铸的日子来到，一开始还算顺利，不料模子耐不住高温突然爆裂，熔化的金属倾泻而出，石板地面猛烈爆炸，碎片击穿屋顶，赫歇尔迅速奔逃到院子里才逃过一劫。

1789 年，51 岁的赫歇尔终于制造出了称雄世界的大望远镜，口径 1.22 米，镜筒长 12 米，竖起来有 4 层楼高，就像一架巨型大炮，光是镜头就重 2 吨，操作它不但是精密的技术活，更是繁重的体力劳动。1789 年 8 月 27 日，大望远镜开光，第二天赫歇尔就发现土星最大的卫星——土卫六，接着又发现了土卫七。

赫歇尔一生共制作了 400 多架望远镜。1792 年，英王乔治三世派马戈尔尼使团访问大清国，向乾隆皇帝祝贺八十大寿，附带商谈两国贸易问题。使团进贡给乾隆的礼品中，就有一台赫歇尔制造的望远镜，这台望远镜和其他科学仪器一样并未引起大清朝廷的兴趣，被弃置于圆明园。

赫歇尔全身心投入天文观测与研究，直到 50 岁才结婚，54 岁时儿子约翰·赫歇尔出生，后来也成为著名天文学家。

1822 年 8 月 25 日，赫歇尔逝世，享年 84 岁，这恰好是他发现的天王星绕太阳运行的公转周期。

笔尖上发现新行星

1821 年，天王星已经发现 40 年了，天文学家们发现，它不太老实，总是偏离预言的轨道。什么原因呢？天文学家们想到，可能是它里面的土星对它施加了引力影响——这称为摄动，于是就计算土星对天王星的摄动，经过这样修正后预言的天王星位置，依然与实际观测不相符合。而且随着时间推移，天王星的实际位置与理论预言的误差越来越大，问题究竟出在哪里呢？

是牛顿万有引力定律不够准确？还是天王星外面还有一颗未知行星，它的摄动使天王星位置产生了偏差？

多数天文学家倾向于后者。但如何找到这颗未知行星呢？这需要倒推摄动的来源——逆摄动，这个问题要困难得多，当时还无法解决。

恰好这时期天体力学发展起来，一大批常在教科书中出现的耀眼明星集体做出了贡献，如欧拉、达朗贝尔、拉格朗日、拉朗德、泊松、雅可比、汉密尔顿等，其中拉普拉斯的巨著《天体力学》是代表作，为计算天体逆摄动提供了可能。

1845 年夏天，法国的勒威耶开始计算未知行星。一年之后，他有了结果，预言出新行星的位置（见图 7-1），呼吁天文学家用望远镜搜寻，可没有得到什么响应。勒威耶只好写信给柏林天文台的伽勒，请他帮助寻找，信中写道：

请您把望远镜指向黄经 325 度宝瓶座内黄道一点上，您将在这个点周围大约 1 度的范围内发现一个圆面明显的新行星，它的亮度约为 9 等……

9 月 23 日上午，伽勒收到勒威耶的来信，当天晚上就开始行动。伽勒用天文望远镜观测，报告星体位置，助手德莱斯特在一旁核对星图。几分钟后，他们就发现了一颗星图上没有的星，正在勒威耶预言的范围内，那是一颗蓝色小星星。第二天晚上，他们继续观测，又找到这颗星——位置移动了一点点，果然是一颗行星！ 9 月 25 日，激动万分的伽勒写信向勒威耶报告："先生，您计算出的那颗行星真的在那里！"

天文学家这一次没有迟疑，很快接受了新行星，并按神话命名传统，用罗马神话的海神涅普顿称呼它，也就是海王星，太阳系的疆域再一次得到极大扩展。

争论与遗憾

发现海王星的消息在英国引起了震动。原来，英国剑桥

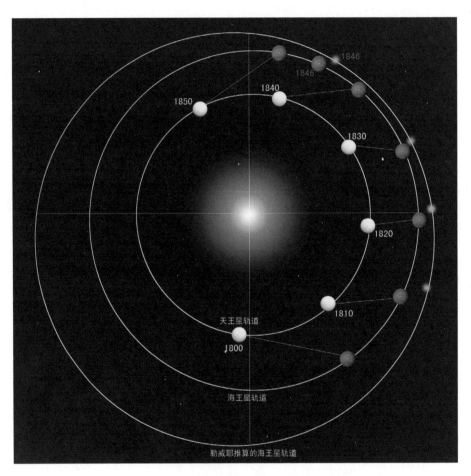

图 7-1　天王星、海王星运行轨道示意图

大学年轻的亚当斯甚至早于勒威耶计算出了新行星的大致位置。亚当斯是在 1843 年开始计算的，在法国勒威耶开始动手的 1845 年，亚当斯已经推算出未知行星的大致轨道，他把结果交给剑桥天文台，希望天文台能据此寻找。然而台长艾里有些疑问，迟迟没有动手；另一位天文学家查利斯倒是寻找过，新行星也确实光临了他的望远镜，而且是两次，他却把观测资料堆积起来没有及时整理，从而错失了优先发现权。

英国人和法国人为了争夺海王星的发现权，激烈笔战了好几年。法国人很生气，他们在《画报》上登了一幅漫画，一个滑稽小人透过望远镜，从另一个小人举起的大书中发现了海王星的计算公式，下面写着亚当斯在勒威耶的报告中发现了新行星。

还有比亚当斯更倒霉的。在勒威耶计算出海王星的半个世纪之前，1795 年 5 月 8 日和 10 日，天文学家拉朗德的侄子两次把海王星记录下来，并且觉察到两次记录的星星位置有一点差异，还在那结果后面加上一个问号，准备再次观察予以证实，可是他后来竟然忘了。假使他再去做第三次观测，肯定就会摘取这份巨大荣誉。当然，这样也会使海王星的发现少了许多传奇经历，也使牛顿力学少了一次绝佳的考验机会。

牛顿力学的辉煌胜利

建议勒威耶从事这项工作的巴黎天文台台长阿腊果这样评述道：

天文学家有时偶尔碰见一个动点，在望远镜里发现一颗行星。可是勒威耶发现这颗新天体，却没有朝天上投去一瞥，他在笔尖上便发现了这颗行星！

海王星因此被称为"笔尖上发现的行星"，它把牛顿力学推上了最辉煌的科学巅峰，成为牛顿力学理论的最高荣誉和最好印证，万物遵循自然法则的思想更加深入人心。牛顿的形象也如神一般光芒万丈，如诗人亚历山大·蒲柏广为传诵的那首诗中所写：

自然与自然的法则隐藏在黑夜里，
上帝说，"让牛顿降生吧！"
于是一片光明！

第8章
冲出太阳系

**利用日地距离这把量天尺，
天文学家迈向了恒星世界！**

恒星是什么

1600 年 2 月 17 日，罗马鲜花广场上燃起了熊熊大火，52 岁的布鲁诺被绑在广场中央的火刑柱上，瘦小的身躯在烈焰中挣扎着被吞噬。布鲁诺的罪状有三十多条，信奉并宣扬"日心说"是其中之一。

布鲁诺甚至比哥白尼走得更远，哥白尼的宇宙是一个小小的太阳系，恒星依然在晶莹的天球上围绕太阳运行，布鲁诺则认为恒星都是遥远的太阳，他在《论无限、宇宙及世界》一书中写道：

人类所看到的只是无限宇宙中极为渺小的一部分，地球只不过是无限宇宙中一粒小小的尘埃。千千万万颗恒星都是如同太阳那样巨大而炽热的星辰，这些星辰都以巨大的速度向四面八方疾驰不息。它们的周围也有许多像我们地球这样的行星，行星周围又有许多卫星。生命不仅在我们地球上有，也可能存在于那些人们看不到的遥远行星上……

布鲁诺的思想相当深刻，他以勇敢的一击，将流传千年之久的"天球"捣得粉碎。对那些习惯了舒适小宇宙的人们来说，这些说法实在太骇人听闻，据说连"天空立法者"开普勒也无法接受，在阅读布鲁诺的文章时感到一阵阵眩晕。

但布鲁诺的学说是出于思辨，天文学需要证据。一个明显的事实是，恒星相互之间从来不移动位置，看起来确实像镶在透明的水晶球壳上的光点，星座的划分正是基于这一特点，天文学家们从来不担心今天看起来像天蝎的一群星，明天看起来变成螃蟹或者别的什么东西；事实上，恒星组成的形状几千年也没什么变化，它们太恒定不动了。

恒星为什么恒定不动？如果它们不是镶在晶莹天球上的光点，原因就只能是——它们太远，因而移动太缓慢，在人的短暂一生中，不足以发现它们的移动。

恒星原来并不恒定

1718年，已经62岁的哈雷忽然想到，如果把时间拉长，也许就能发现恒星的移动。他找来一百多年前第谷的星表，细细比对，果然，明亮的天狼星位置有一点点偏移。如果时间再拉长些，是不是就能发现更多的偏移？哈雷赶快又找来古希腊天文学家喜帕恰斯的星表，那是公元前 2 世纪，时间相隔 1800 多年，不出所料，哈雷看到另外两颗亮星也移动了——牧夫座的大角星和金牛座的毕宿五，而天狼星的移动则比第谷星表里更明显。看来，恒星的的确确在运动！

哈雷看到的恒星移动现象称为自行——自身运动导致的位置变化。恒星自行都非常小，绝大部分恒星一年的自行小于 1 角秒。想象一下，横跨天空的大圆周有 360 度，1 度有 3600 角秒，大多数恒星在天上移动 1 度需要好几万年以上的时间，难怪它们看上去恒定不动。目前已知自行最快的星是蛇夫座的一颗叫巴纳德的暗星，一年自行 10.31 角秒，被称为逃逸之星，即便如此，它在天上移动 1 度也要将近 4 个世纪。

自行虽然缓慢，但最终会使天上所有星座的形状变得面目全非，只是需要的时间很久。以北斗七星为例，它现在看起来像一个勺子；10 万年后，它看起来会像一个铲子；而在 10 万年前，它看起来像是一把铁锹。（见图 8-1）

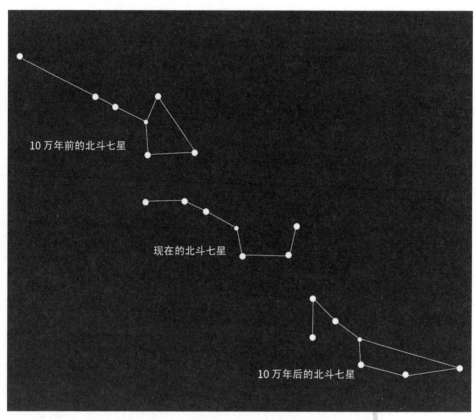

10 万年前的北斗七星

现在的北斗七星

10 万年后的北斗七星

图 8-1　北斗七星的自行演示图

第一把量天尺：三角视差法

恒星是一个个遥远的太阳，中间隔着空间的深渊，如何测量它们的距离呢？天文学家们想到了三角视差法。

三角视差法测距很平常，每个人几乎每时每刻都在使用——人凭肉眼能感觉出物体远近就利用了这一原理。

我们可以非常方便地体会这个测距原理。看着眼前近处的一个物体，闭上右眼，用左眼看它，然后快速地闭上左眼，用右眼看它，这样交替几次，可以明显地感觉到物体相对于背景左右移动。物体越远，左右移动的幅度越小，也就是视差越小；反过来，视差越小，距离就越远。大脑对距离的判断就是根据两眼视差做出的。

人两眼之间的基线太短，只有几厘米，判断的距离非常有限。对于恒星，当然需要一个长得多的基线，但即便站在地球两端，长度也只有一万多千米，对恒星产生的视差太小。天文学家们想到了一个长得多的基线，就是地球绕太阳公转的轨道直径，从它两端去看恒星，就有可能发现恒星视差了。怎样从地球轨道一端到达另一端呢？很简单，地球载着我们运动，半年后就到了，天文学家们只需相隔半年测量同一颗恒星就可以了。（见图 8-2）

这无疑是一个好办法，但前提是要知道地球到太阳的距离，这个最基本的太空尺度，称为一个天文单位。只要测量

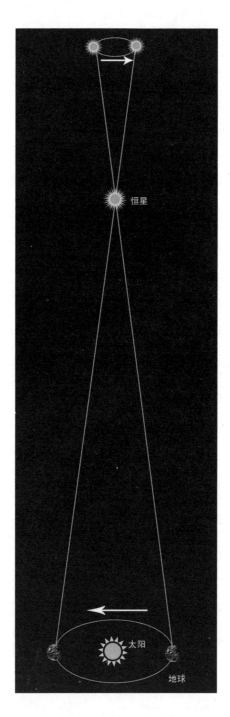

图 8-2　天文学家提出以"地球绕太阳公转的轨道直径"为基线的测量办法

出它，人们就可能打开通向恒星世界的大门，因而测量日地距离被誉为 18 世纪"最崇高的天文问题"。

太阳的距离虽然比恒星近得多，可是测量起来绝非易事。1716 年，哈雷提出一个巧妙建议，利用金星凌日来测量日地距离。金星凌日类似日食，就是金星运行到地球和太阳之间，太阳、金星、地球三者排成一条直线，这时从地球上看去，金星会从太阳圆面上凌空而过，但由于金星距离遥远，它在太阳圆面上只会呈现一个小小的黑色圆斑。从地球上不同地点看，金星小黑斑在太阳圆面上的位置是不同的，这样就能导出日地距离。

倒霉透顶的勒让提

金星凌日以两次凌日为一组，间隔 8 年，但是两组之间的间隔却有 100 多年。距离哈雷提出建议时最近的金星凌日是 1761 年和 1769 年的一组，天文学家非常积极地投入准备，其中法国勒让提的遭遇颇具戏剧色彩。

印度是这两次金星凌日的最佳观测地之一，勒让提决定到印度去。1761 年英国和法国正在交战，勒让提只能绕道而行。当他辗转来到印度时，英军又不让他上岸，他只能漂泊在海上。6 月 5 日，金星凌日发生了，勒让提仍在海上，眼睁睁错过。后来勒让提被允许进入印度，他决心在那里等待 8 年，观测 1769 年 6 月 3 日的金星凌日。勒让提做了长期坚守的准备，修建了一个观测台，与当地居民广泛接触，学习当地语言，了解当地民俗，甚至钻研印度文学，与当地居民结下了深厚友谊。

1769 年终于到了，勒让提满心喜悦地做着准备工作。这一地区的五六月，通常都是阳光普照的好天气，6 月 3 日这天天气也很晴朗，勒让提架起望远镜对准太阳，金星那个黑色小圆斑虽然看不见，但勒让提知道它正在向太阳圆面移动，再有十几分钟就会出现在太阳圆面上，勒让提无比激动。就在这时候，天空忽然现出不祥之兆，一团乌云压过来，很快把太阳遮住，紧接着狂风四起，大雨倾盆而下。勒让提呆呆地站在那里，任凭瓢泼大雨浇在自己身上，把他浇到透心凉。

几小时之后，雨过天晴，阳光普照，金星也顺利地掠过日面而去。

这意外打击使勒让提心灰意懒，一下病倒在床，不愿再与国内联系。在当地人的悉心照料下，勒让提摆脱了死神的魔掌，两年后回到法国，等待他的是命运继续无情的捉弄。亲属们因为长久没有勒让提的消息，以为他客死异乡，就瓜分了他的财产，他在科学院的院士席位也被人补了缺。勒让提向法院提起诉讼，却遭到败诉，因为那一切都有合法程序。不过，倒霉透顶的勒让提还是站了起来，开始了新生活。他结了婚，撰写有关印度民俗风情的书，重新进入主流社会，成为当地名士。

风光无限的库克舰长

相比勒让提的落魄，库克舰长可谓风光无限。1768 年，39 岁的库克率领"奋进号"考察船前往太平洋大溪地（塔希提岛）观测金星凌日。8 月 26 日，"奋进号"从英国普利茅斯港起航，横渡大西洋，绕过南美最南端合恩角，进入太平洋，经过半年多海上航行，在金星凌日前一个多月到达大溪地。大溪地是法国领地，当时英法两国正在交战，为了体现对科学探索的重视和支持，法国政府特别下令海军不得攻击库克船长的"奋进号"，而且还要保护其航行安全。

大溪地是一个天堂般的世外桃源，四季温暖如春，阳光明媚，衣食无忧的人们常常无所事事地望着大海远处，静待日落时的满天霞光和那之后的满天繁星。

库克舰长的金星凌日观测进行得非常顺利，当地国王和有身份的人都去了观测站，想目睹英国人不远万里来看的奇异天象。望远镜中，明亮的太阳圆面里，一个黑色小圆点静静地待在那里，几乎一动不动。这与大溪地的天空和大地相比，难道会更漂亮吗？王公贵族们茫然地看着这个小黑点，想不通这些人为啥对这个小黑点如此兴师动众。

这次金星凌日，全球共有 76 个观测点，最后计算出地球与太阳的距离为 1.52 亿 ~ 1.54 亿千米，与真实距离相当接近。125 年之后的另一组——1874 和 1882 年的金星凌日，天文学家们继续测量，那时候有了照相技术，结果更为精确。

库克船长的大溪地之行，使他和金星凌日这个著名天象永远联系在一起，大溪地上的金星凌日观测点后来被称为金星角。除了金星凌日，库克船长这次史诗般的环球航行收获颇丰：他们记录了数千种植物和动物；是人类历史上首次环绕新西兰南岛和北岛航行；也是首次沿澳大利亚东海岸航行，库克还把澳大利亚命名为新南威尔士，并宣称所有权属大英帝国。当欧洲人畅游地球，测量大地和天空的时候，东方古老的大清帝国因为闭关锁国，观念僵化而陈腐，虽然表面上处于乾隆盛世，却注定是日薄西山了。

测定恒星的距离

有了日地距离这把巨大的标尺，天文学家开始了从太阳系迈向恒星世界的伟大征程。

令人颇感意外的是，第一个测出视差的恒星不是像天狼星那样的明星，而是一颗不起眼的暗淡小星——天鹅座 61，测量者也是天文界的一匹黑马——贝塞尔。贝塞尔出身贫寒，少年时只读过 4 年书，15 岁在商行当学徒，想做国际贸易，后来对天文学产生兴趣，开始自学数学和天文学，20 岁时发表有关哈雷彗星轨道的论文，名声大噪，26 岁受普鲁士国王之命组建柯尼斯堡天文台并担任台长。

贝塞尔自己研制精密的望远镜，花费了十几年时间，精确测量了十多万颗恒星的位置。1837 年，他把望远镜对准天鹅座 61。天鹅座 61 虽然暗淡，却有"飞行之星"的美名，就是自行很快，这暗示它的距离可能是很近的。就如同坐在行驶的车辆中观看外面物体，远处的目标总是移动缓慢，而近处的目标则一闪而过。

天鹅座 61 旁边有两颗更暗的星，它们几乎完全静止不动，正好可以用作背景来标示天鹅座 61 的移动。贝塞尔先标注好天鹅座 61 的位置，然后坐着地球这艘"飞船"，变换自己的位置，来到 3 亿千米之外，结果发现天鹅座 61 真的随之移动了。

1838 年 12 月，贝塞尔公布了天鹅座 61 的视差：随着地球从轨道一端移到另一端，天鹅座 61 相对于恒星背景摆动了 0.31 角秒，这相当于看 20 千米外一枚硬币张开的角度，贝塞尔由此估算出天鹅座 61 的距离约为 10.4 光年，这与今天的 11.4 光年很接近。

南门二与比邻星

英国的托马斯·亨德森比贝塞尔更早测量出恒星的视差。

亨德森在南非好望角天文台，他选中的是南方天空半人马座的南门二。南门二的亮度在全天排名第三，看上去是一颗迷人的恒星，实际上是一对双星，自行也比较快，暗示其距离不会太远。亨德森很幸运，南门二是已知恒星中距离最近的。亨德森花了好几年时间反复测量，定出南门二的视差是 0.91角秒，并在 1839 年回国后将结果发表。后来，他经过更精确的测量，把南门二视差减小到 0.76 角秒，换算成距离，是 4.3光年。

1915 年，天文学家们在南门二西南 2 度的地方发现一颗肉眼看不见的暗淡恒星，可能在绕着南门二双星运转，形成三体。它目前距离地球 4.2 光年，于是便有了一个非常特殊的身份——太阳系最近的恒星邻居，称为比邻星。

为了表述恒星的距离，我们用到了一个新的单位——光年。光每秒钟走 30 万千米，用它乘以 3600，再乘以 24，再乘以 365，就是光在一年中走的距离，算下来 1 光年是9,460,500,000,000 千米，可以方便地记为约 10 万亿千米。

比邻星距离地球 4.2 光年——约 40 万亿千米，它的光芒照射到地球需要走 4.2 年时间。一艘秒速为 30 千米的宇宙飞船，从地球飞到比邻星需要 42,000 年，虽是比邻，也远在天涯！

作为比较，太阳系的第八颗行星海王星距太阳 45 亿千米，太阳光照射到它上面需要走 4.2 小时，同恒星的距离相比，太阳系的行星疆域是极其微不足道的。

　　比邻星是一颗红矮星，质量是太阳的 1/8，地球 4 万倍，其发光功率约 200 万亿亿瓦，相当于 1 万亿个三峡水电站的发电功率，这真是大得难以想象。可是，比邻星的红色光芒到达 4.2 光年外的地球时竟然如此微弱，以至人类肉眼无法观测到，而这竟然是我们太阳系最近的恒星邻居！

　　宇宙太空，实在是一片浩瀚无比的空间大海。

第9章
远方的星辰大海

明亮的恒星犹如太空的灯塔，指引我们向宇宙的深处遨游。

繁星密布的夜空

虽然过去几千年里人类把投向天空的目光主要投向了日月五星，但恒星才是星空真正的主角。繁星密布的夜空让人眼花缭乱，其实肉眼可见星星数量是很有限的，总数约为6000颗，由于大地遮挡了半个天空，每一时刻，我们只能看到其中的一半——约3000颗，它们把夜空装点得星光灿烂，这是大自然展现给人类的最美丽、奇妙的景观。

2000多年前，古希腊天文学家喜帕恰斯把肉眼看到的恒星按亮度划分为6个等级，最亮的20多颗星定为1等，勉强可见的暗弱星定为6等。后来天文学家们发现1等星正好比6等星亮了100倍，这样相邻星等之间亮度相差2.512倍。星等的范围也扩展开来并划分得更细，比1等星亮的定为0等、–1

等，太阳的亮度是 –26.7 等。比 6 等暗的是 7 等、8 等，它们需要借助望远镜才能看到，欧洲甚大望远镜（由 4 台 8.2 米口径望远镜组成）能够探测到的最暗星体是 36.0 等，相当于人眼视力的 6300 亿倍。

众星之中，明星往往最引人注目，它们犹如太空的灯塔，指示着空间的深度。现在，我们就沿着恒星路标，遨游向远方的星辰大海。

何以西北射天狼

比南门二更远的另一个近邻是天狼星——全天最亮的恒星，它把我们的目光引入 8.6 光年外的远方。天狼星位于大犬座，在冬天和春天的夜晚，紧跟华丽的猎户座众星从东方升起。多数人对这颗星的了解来自苏东坡的《江城子·密州出猎》：

会挽雕弓如满月，西北望，射天狼。

在中国古人眼里，天狼星是一匹来自西北的凶猛野狼，代表常常从西方和北方侵略过来的胡人。有人会想当然地以为，天狼星位于西北方向。其实天狼星是一颗南天的星，就像冬天的太阳，东南升起，西南落下，永远也不会跑到西北方。苏东坡望向西北去射天狼，难道是酒醉微醺时不辨南北？

诗里的方位并不是从地上看的。天狼星是全天最亮恒星，古人让它代表敌对的胡人力量，岂不是长敌人威风灭自己的志气？不要紧，有辖制它的办法。天狼星东南不远处，大犬座的后半部，有中国古人设置的弧矢星座，那是一把拉满弦的大弓，弓上搭着一支箭，瞄向西北方向的天狼，使其不敢轻举妄动。（见图9-1）

这样看来，苏轼的诗句意境是升华的，他想象自己飘飘然升上众星之中，手握弧矢星这把大弓，对准前方（西北方）的天狼，要一箭将它射落。

如果我们把距离扩展到15光年，在这个范围内，会有50多颗恒星，其中太阳、南门二双星、天狼星、南河三是最明亮的，另外还有天苑四、天仓五、天鹅座61、印第安座 ε 这四颗星是肉眼可见的，其余44颗都是肉眼看不见的暗淡恒星。即使在最近的太空里，我们看到的也只是恒星中的一小部分。

夜空里的恒星看起来密密麻麻，但其实宇宙太空极为空旷。如果我们把地球周围15光年范围的空间缩小10万亿倍，做成一个微缩模型，那将是半径15千米的一个大球。其中太阳成了直径0.14毫米的微粒，地球只有1微米，距太阳1.5厘米，太阳系最近的邻居南门二，远在4千米之外。

在这个微缩模型里，时间流逝也变慢10万亿倍，这些恒星颗粒看起来是凝固不动的，其中跑得最快的巴纳德星微粒，与太阳微粒相距6千米，每年会靠近太阳约0.2米。

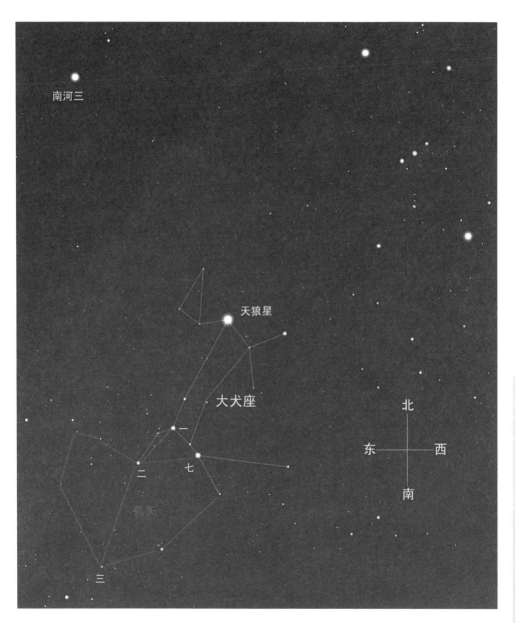

图 9-1　图中蓝色连线是现代星座体系的大犬座，红色连线是中国古代设立的弧矢星官。天狼星位于弧矢之箭的西北方向，故而有"西北望，射天狼"

难以浪漫的牛郎织女

夏天和秋天的夜晚，星空的主角是牛郎星和织女星，这两颗著名的星把我们的视线引向 17 光年和 25 光年外的深空。

牛郎星和织女星分列银河的东西两岸，现代城市里很难看到银河，但这两颗明星依然很容易看到。不过在现代社会，认出这两颗星的人很少了。

牛郎星两边有两颗小星，它们是河鼓一和河鼓三，他们被看作牛郎挑着的两个孩子；在织女星朝向牛郎的方向，有四颗星组成一个尖尖的菱形，它被看作织女织布用的梭子。然而，天文学家们总在破坏人们对天空的浪漫想象。牛郎星与织女星之间相距 16 光年，这距离在恒星中算是很近了，但以人类标准来看确是太遥远。如果牛郎要乘坐一艘每秒飞行 30 千米的宇宙飞船去织女星，需要飞行 16 万年时间。即使牛郎给织女打电话，无线电信号从牛郎星传递到织女星，也需要走 16 年，完成一次对话需要 32 年！假如牛郎打电话时是 20 多岁的青年，等他听到织女回话的声音，已经是年近花甲的老人了。

南极仙翁老人星

全天第二亮的恒星是老人星，标记了 310 光年的宇宙深度。老人星又称南极仙翁，自古被看作吉祥的星，但它太偏南，在中国北方看不到。1689 年，康熙皇帝到南京，在一个晴朗的夜晚登上紫金山，看到了从未见过的老人星，在南方地平线附近发着黄白的光辉。康熙非常高兴，给随行大臣指认老人星，并展开携带的星图，给大家讲解。大学士李光地恭维道："臣听书本上说，老人星见，天下太平。"谁知道康熙听了很不高兴，说道："老人星在南天，北京自然看不见，难道说北京永远都不太平？"康熙回到北京后把李光地连降两级。

老人星的真实亮度相当于 16,000 个太阳，在过去 400 万年里，老人星是地球夜空里最亮的恒星，大约 9 万年前，天狼星靠近地球，才超越老人星成为夜空第一亮星。老人星距地球 310 光年，现在到达地球的光芒是这颗星在清康熙年间发出的光。

七月流火并非热

天蝎座的红色亮星心宿二能把我们的目光引向 600 光年深处。心宿二也叫大火星，是一颗红巨星，真实亮度是太阳的 1 万倍，体积则是太阳的好几亿倍。

有一个来自《诗经》的成语叫"七月流火"，其中的"火"指的就是大火星心宿二，七月流火不是指天热得像下了火，而是说农历七月（约阳历 9 月）的傍晚，大火星偏向了西方的天空，因此"七月流火"的天气其实并不很热。

心宿二还有一个名字叫商星，和河南省商丘市有关。相传帝喾的两个儿子阏伯和实沈很不和睦，经常打架，帝喾没有办法，只好将两兄弟分开，把阏伯封到商丘做"火正"——观测大火星，封号"商"；把实沈派到山西大夏，负责观测参宿众星，也就是猎户座的亮星。大火星（商星）是夏夜的明星，参宿众星则在冬夜闪耀，它们一个升起来，另一个就落下去。兄弟两个不但在地上不再相见，就连他们观测的星宿也不会同现于天空。

阏伯很敬业，修筑了一个高高的大火星观测台。现在商丘城西南不远处，还有一处名为火星台的小丘，台顶有一座火神庙，其中祭祀的就是阏伯，这被认为是中国最古老的天文台遗址。

心宿二所在的天蝎座，有一个弯弯的尾钩，由9颗星组成，这是尾宿九星，它是天蝎尾巴最醒目的特征，正好也是中国古人划分的东方苍龙的尾巴。东西方文明在很多方面存在很大分歧，但在尾巴的看法上取得了惊人一致。

参宿七星光灿灿

全天的88个星座中，最灿烂的要数猎户座，它里面有七颗亮星，比北斗七星的七颗星要明亮得多。这七颗星属于中国二十八宿的参宿，它们跨越了1000光年的空间。猎户腰带三星，从东到西依次是参宿一、参宿二、参宿三，三颗星亮度差不多，均匀排成直线，非常引人注目，中国古代人把它们看作是三个吉祥的星官，称为福、禄、寿三星，分别掌管人世间的福报、官运和寿命。立春前后的傍晚，三星升到正南的天空，中国民间的谚语"三星高照，新年来到""三星正南，家家过年"说的就是这种情况。

古代埃及人也很崇拜猎户星座，认为它是法老去世后的住所之一。尼罗河岸边的吉萨高地，有三座高高的大金字塔：胡夫金字塔、海夫拉金字塔、门卡乌拉金字塔，大致呈对角排列在一条直线上，距离也差不多相等，胡夫金字塔和海夫拉金字塔大小相当，门卡乌拉金字塔稍小一些。这三座金字塔的排列位置正好和猎户腰带三星一致，其大小和三星的亮度相对应，旁边的尼罗河正对应着猎户座旁边的银河。

猎户座的众星标显示了太空深度的多个层次，参宿一是817 光年，参宿三是916 光年，中央的参宿二则是 1342 光年。相比三星，猎户座的两颗最亮星要近些，参宿四标记了 427光年的深度，参宿七则标记了 772 光年的深度。参宿四是一颗红色超巨星，亮度是太阳的 1 万多倍；参宿七是一颗蓝色超巨星，亮度是太阳的 5 万多倍。（见图 9-2）

遥遥天津四

地球夜空里的所有亮星中，天津四距离最远。根据伊巴

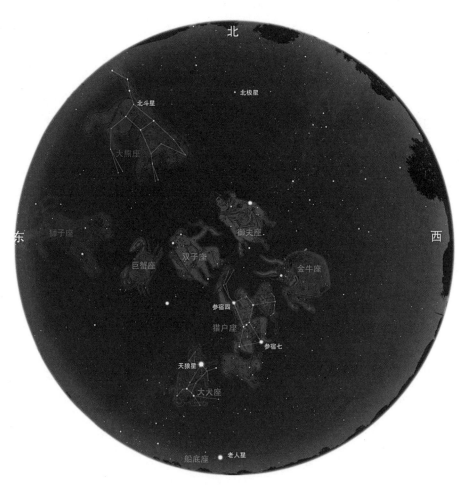

图 9-2　冬夜星空

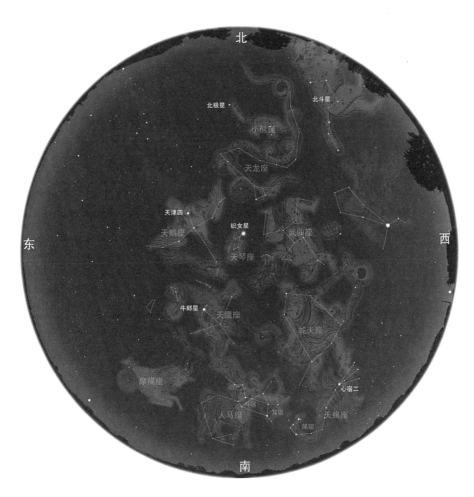

图 9-3　夏夜星空

谷卫星的测定，其距离是3200光年。这样算来，我们现在看到的天津四的光芒，是它在商代发出的。这些光子以每秒30万千米的速度向地球飞奔，在地球上经历了众多的朝代更替和沧海桑田的变化之后，才到达我们的眼中。

天津四很好辨认，它和牛郎星、织女星组成一个直角三角形，常被称作夏夜大三角，在夏天和秋天的夜晚很容易看到。（见图9-3）

在浩瀚的宇宙太空里，星星的数量非常多，亮星只是其中极少的一部分，如同大海里的鱼，小鱼不计其数，但巨鲸数目寥寥。如果以地球为中心，以天津四的3200光年为半径，在太空中画出一个大球，里面会有好几亿颗恒星，我们肉眼看到的不足其中的万分之一—— 6000多颗，它们使地球的夜空星光璀璨。

如果把这6000多颗恒星拿掉，地球的夜空将不再灿烂，但那条从牛郎织女中间流过的银河会依然保持本色，流淌在幽暗天际，环绕着大地。因为，那装点地球夜空的点点繁星，只是太阳系的近邻。在它们之外，是数千亿的恒星，那条看上去不甚宽广的天上之河，就由这些恒星组成。

第10章
天上的星星之河

夜空里那条浅白的光带，明显透露出银河系结构的重大秘密。

银河故事

银河自古以来就带给各民族无数的想象。希腊神话把银河称为"乳汁之路（the Milk Way）"，传说宙斯的一个儿子赫拉克勒斯幼年时抓伤了天后赫拉的乳房，赫拉的乳汁洒向天空，形成了银河。

在芬兰神话中，银河被称为鸟的小径，他们认为银河是鸟真正的居所，银河也会指引着候鸟向南方迁徙。这个神话竟然被现代科学证实了，银河确实对候鸟迁徙有指引作用，而且鸟儿们也确实住在银河系里，因为地球就是银河系的一部分。

古代埃及和中国都认为银河是天上的河流，这条河流还和地上的河流相通，如果从地上的河乘船，就可以到达天河。

隋唐时期有一个流传很广的故事，说的就是这回事。说当年汉武帝派张骞去大夏（今阿富汗北部）寻找黄河源头，张骞做了一个筏子，沿黄河逆流而上，划了几个月，不但没找到源头，反而发现黄河越来越宽，越来越清澈，后来竟然水天相接，天水一片，到处是星光，如同仙境。前面忽然有一处城郭出现在张骞面前，亭台楼榭，错落有致，河水从城中流过。

张骞好奇地划进去，见岸边有一男子牵一头牛，牛头探入河中饮水；对岸，一位妇女在洗衣服。张骞把筏子划近那妇女，问道："大嫂，请问这是什么地方？"那妇女回答说："这是天河呀！你是从人间来的吗？"张骞暗自吃惊，他见那妇女身后有一块石头，形状和颜色都是人间没有的，就问："这是什么石头？"那妇女说："这叫支机石，你喜欢，就送给你。"张骞接过石头一看，原来是织布机上压布匹的石条，知道自己遇到了织女。张骞在城中游历了一圈之后，就沿黄河顺流而下，返回中国。《汉书》中记载，今成都严真观有一石，俗呼为"支机石"，传说就是张骞带回来的。

银河是一条完整的环带

曾经带给古代人无数浪漫想象的银河对现代人来说是相

当陌生的，多数人对银河的印象往往只停留在书本上，即使偶尔看到，也是茫然无所知。要想欣赏银河，就要到远离城市的乡村旷野。

银河那抹神秘的光环其实十分醒目，人们看到它横跨天际，但那只是地上的一半，还有一半在地面以下。银河是星空里一个完整的环，包围着地球，地球看上去位于这个环的中央，了解这一点很重要，它是理解银河系结构的关键。如果你用整夜的时间来观察，会发现随着地球的自转，地上的银河会向西落下，地下的那部分银河会升起来。

关于银河的哲学猜想

银河这条浅浅的光带究竟是什么？亚里士多德认为，银河是纯粹的大气现象，是地球发出的水蒸气聚集在天空形成的，可能有某种机制，导致水蒸气总是往银河那一带聚集而不消散。他不承认银河是天上之物，因为他坚信天是完美无缺的，而银河的边缘参差不齐，显得不够完美。

另有一些哲学家的看法和亚里士多德正好相反，他们认为银河很可能是天空两个半球的结合带。恒星天球是包围大地的完整的球，银河光带将它平分为两部分。可能造物主在造恒星天球时，是用两个半球拼接成的，拼接部位不太整齐，留下了粗糙的痕迹，那就是银河，这看法估计会让亚里士多德很生气。

　　亚里士多德之前的德谟克利特的看法要高明许多。德谟克利特最著名的观点是原子学说，他对宏观宇宙的见解也很深刻。他推测出，太阳远比地球庞大得多；月亮本身不发光，靠反射太阳光才显得明亮。对于银河，德谟克利特认为，它是由无数恒星构成，由于这些恒星太远太暗淡，人们无法把它们一一区分开来，于是就形成了一条光带。

望远镜中的银河

　　争论被伽利略的望远镜终结，伽利略在《星际使者》中写道：

　　借助望远镜，我的观察十分细致而直观，结果使我相信，长期以来困扰哲学家们的所有争论已经得到解决，我们终于能够从烦人的舌战中解脱出来了。事实上，银河不是别的，而是汇聚成群的无数恒星的大集合。无论把望远镜指向它的什么部位，大量恒星立即进入视野。它们中的许多相当大而明亮，小的恒星则多得根本数不清。

　　银河是星空中包围着我们的一条环带，它由无数的恒星组成，这能启示出宇宙的什么秘密呢？18世纪的德国哲学家康德最早提出了对银河系结构的卓越见解。

康德的洞察

康德是一个极为独特的人，有人这样概括他：没有生活，也没有事件，在柯尼斯堡幽静偏僻的小路上，度过了机械的、定规的、差不多是抽象的独身生活。这个人外在的生活，和他那粉碎世界的思想，是奇妙的对照。

康德毕生没有远离故土，也没有结婚生子，只是日复一日地沿袭着自己的时间表，除了教学，在每天下午固定的时间，他会踏上一条幽静而狭长的小路散步，同时把思绪放飞进浩瀚的宇宙。

行走在小路上的康德永远是灰色的装束，手里永远拿着一根灰色的手杖，后面永远跟着一位老仆人，永远为他准备着一把雨伞。康德散步的时间如此准时，以至于有人看到康德都不由自主地校对自己的表。康德散步的这条路现在被称为"哲学家之路"。

1755 年，康德出版了他的第一部重要著作《自然通史和天体理论》，这本书的原名极长：《自然通史和天体理论，或者根据牛顿定律试论整个宇宙的结构及其力学起源》，从这书名可以看出康德的勃勃雄心。

康德的见解确实深刻，他认识到银河系是扁平的盘状结构，最早提出河外星系的存在，最早提出太阳系由星云演化而来。这些卓越见解来自他天才的悟性和不懈的思考，同时也印证了那句"道德与星空"的名言的确是他内心世界的写照：

世界上有两件东西能够深深震撼人们的心灵，一件是心中崇高的道德准则，另一件是头顶上灿烂的星空。

康德是怎样推断出银河系是一个扁平的盘状体呢？因为银河是一条由恒星组成的光带，表明恒星在银河方向密集，因而它不可能是球形的，只能是扁平的。我们身处在扁平的银盘中，沿银盘方向望去，视线遇到的恒星很密集，就形成了银河光带；偏离银盘方向，视线遇到的恒星数量就少得多，就是银河光带之外的星空。（见图10-1）

两个数星星的人

康德从思维上推断银河系的大致形状，有人却想通过数星星得到银河系的真正结构。第一个是英国的赫歇尔，他利用自己的望远镜数星星。那时候还没有照相设备，他需要用眼睛紧盯在目镜上，一颗颗辨认出恒星，再把它们标示在坐标系上，其枯燥和艰难可想而知。那时候望远镜观测完全在开放的环境里进行，冬天寒冷刺骨，夏天蚊虫叮咬，赫歇尔

视线偏离银盘，看到的恒星较为稀疏

视线平行盘面，看到密集的恒星形成银河

太阳位置

图 10-1　不同角度观察银河

孜孜不倦地坚持了 1083 个晴夜，计数出 117,600 颗恒星。1785 年，赫歇尔发表了有史以来第一幅银河系结构图：一个扁平的盘状体，太阳在盘的中心附近，盘的直径是其厚度的 4 倍，直径大约是天狼星到地球距离的 850 倍。因为不知道任何一颗恒星的距离，赫歇尔的银河系没有确切大小。（见图 10-2）

赫歇尔的勤奋实在令人赞叹，除了计数 10 多万颗恒星，赫歇尔和妹妹卡洛琳一生发现的星云超过了 5000 个。而在他之前，人类已知的星云天体不超过 150 个。因为在恒星和星云方面的巨大贡献，赫歇尔被誉为"恒星天文学之父"。

荷兰天文学家卡普坦是另一个下大功夫数星星的人。他的处境比赫歇尔好很多，那时候天文学家们有了一个强大武器：照相术，用一张底片就能拍下好几千颗恒星，然后坐下来慢慢分析，不必像赫歇尔那样用眼睛紧盯着目镜了。

但如果对整个天空都拍照，恒星的数量就会多得无法分析。卡普坦想到了一个聪明的办法，他在天空中选出 206 个小区域作为样本，号召全世界的天文学家分别观测这些样本，卡普坦自己则利用观测数据来分析银河系的结构。即便如此，这项工作也是相当单调乏味的，卡普坦坚持了 40 年，数出了 400 多亿颗恒星。

1922 年，卡普坦发表了他的银河系模型：扁平的盘状结构，直径为 5.5 万光年，厚度为 1.1 万光年，包含恒星 474 亿颗，

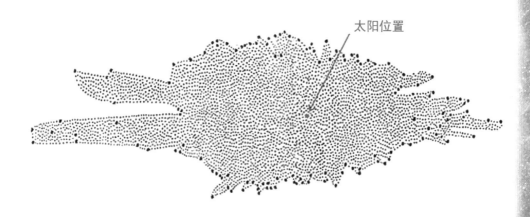

太阳位置

图 10-2　赫歇尔的银河系模型

太阳大致位于银河系中心。这个银河系之大，远远超出了所有前人的想象。

　　然而，它还是太小了。那时候，测量恒星距离靠的是三角视差法，这方法只能测量近距离的恒星。要想真正搞清楚银河系的尺度，需要一把威力更强大的"量天尺"。这把"量天尺"其实一直在星空闪耀，等待着人类去启用，那就是造父变星。

第11章
造父的光芒

利用造父变星这把威力更大的量天尺，

天文学家开始畅游星系。

造父传奇

大约在公元前 960 年的时候，周穆王有了一个高明的御马师——造父，造父驯养出八匹最好的千里马，拉着周穆王四处巡游。

一天，造父驾车，拉着穆王向西方巡游，一路穿越地广人稀山川壮丽的西域，来到昆仑仙境。仙境的西王母娘娘看到周天子来访，非常高兴，在昆仑山顶的瑶池设宴款待周穆王。周穆王与西王母作歌唱和，竟然乐而忘返，一晃过去了三天。谁知"仙境一日，地上一年"，周穆王在瑶池待了三天时间，地上已经过去了三年。天子三年没有回来。不知下落，天下大乱，一些诸侯造起反来。

　　周穆王在瑶池宴乐的时候，造父很着急，就放出一匹千里马，让它回京城报信。这匹马途中遇到了寻找周穆王的侍卫队，很快引他们到了瑶池，周穆王这才知道天下大乱，急忙向西王母告别。西王母有些不舍，就作了一首歌约穆王瑶池再会：

　　白云在天，山陵自出。
　　道里悠远，山川间之。
　　将子毋死，尚能复来？

　　穆王作歌回答，约定三年后重来相会，然后命造父驾车，立即返回。八匹骏马日行三万里，很快就回到京城，平息了叛乱。

　　造父由于驾车有功，周穆王将山西洪洞县的赵城赏赐给他。造父的后人以赵城为根据地逐渐发展起来，几百年后建立起强大的赵国，成为战国七雄之一。

　　然而人生无常，不知何故周穆王竟然爽了西王母的约。失落的西王母常常在瑶池上推开雕花的窗户向东眺望，期待周穆王驰骋而来的八骏，结果却听到了凄惨哀伤的黄竹歌声。西王母心中不免有些幽怨：穆王啊穆王，你的八匹骏马一天可以飞驰三万里，为什么不来瑶池重相会呢？

　　鉴于造父的神奇技能和传奇经历，中国古代天文学家把造父请到了高天，在北极星周围的紫微垣旁边设置了造父星（即造父一），它位于今天的仙王座里。仙王座是北天一个比较好辨认的星座，有 5 颗不太亮的星组成一个尖尖的五边形，就像一个削尖的铅笔头，笔尖离北极星不远。其中的造父一虽然看起来很不起眼，却是天文界名声最显赫的星之一。（见图 11-1）

造父变星

1784 年深秋的夜晚，古德里克，这位 20 岁的聋哑人深深迷上了造父一。古德里克注意到，这颗星的亮度在发生缓慢变化，它是一颗变星。造父一便于观察，因为它靠近北天极，终年不落。每一个晴夜，古德里克都仔细地盯着造父一，记录下它每一丝微弱的星光变化。造父一的亮度变化很有规律，从最亮时开始缓慢变暗，约 4 天后亮度下降一半达到最暗，接着开始变亮，速度比变暗过程快很多，只要 1 天多就达到最亮。经过 100 多次观察，古德里克非常精确地测定了造父一的光变周期——5.3663 天，这和现代利用光电仪器测定的结果非常接近。

因为这个成果，古德里克成为英国皇家学会历史上最年轻的会员。不幸的是，由于夜间观测受寒，古德里克得了肺炎，于 1786 年 4 月 20 日病逝，如流星般一闪而殒。

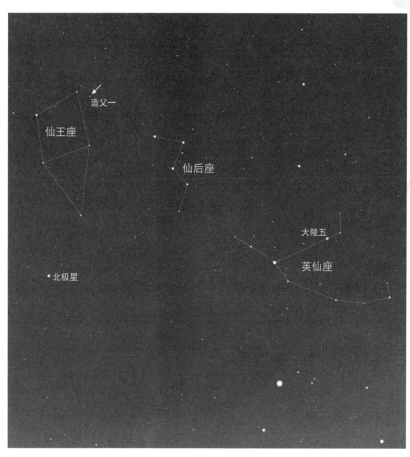

图 11-1 造父一方位示意图

后来天文学家们发现了很多类似造父一的变星，它们统称为"造父变星"。造父变星的光变周期各不相同，为 1 ~ 50 天，每颗星的光变周期都非常准确，可以同钟表媲美。更重要的是，造父变星的光变周期暗含了一个重大秘密，揭开这个秘密的是另一位聋哑人——莉维特。

哈佛大学在南半球的秘鲁设有一座天文台，拍摄了许多大麦哲伦星云和小麦哲伦星云的照片。天文学家们对同一个目标区域拍摄很多张照片，就是想比较那些小星点有没有变化，从而找出变星。这工作要多枯燥有多枯燥，而这正是莉维特做的。

莉维特细心检视一张张照片，结果真的有发现。她发现，这两个星云里有 1000 多颗星亮度会变化，它们时显时隐闪烁不定，好像整整一窝萤火虫。莉维特研究了这些变星的光变周期规律，确认小麦哲伦星云的变星中有 25 颗是造父变星。这 25 颗造父变星有亮有暗，光变周期有长有短，经过比对，莉维特发现了一个非常简单的规律：亮的造父变星的光变周期长，暗的造父变星的光变周期短。

因为这 25 颗造父变星都位于遥远的小麦哲伦星云中，它们与地球的距离近似相等，因而那些看起来亮的星，本身必然是亮的，看起来暗的本身必然是暗的。于是在 1912 年，莉维特就发现了造父变星的周期与光度关系：造父变星的光变周期越长，光度就越大。

这有什么用处呢？

通常我们看夜空里的星，是无法根据其亮度确定距离的，一颗暗而近的星和一颗远而亮的星，看起来可能完全相同，不知道本身亮度就无法比较距离。

造父变星的光变周期能够表明它的真实亮度——周期越长，光度越大。这样，只要测定出造父变星的光变周期，就等于知道了它的真实亮度，也就可以确定其距离了。比如，有两颗造父变星——A 星和 B 星，看起来亮度相同，但 A 星的光变周期长，B 星的光变周期短。假如利用造父变星的周光关系确定出 A 星本身光度是 B 星的 4 倍，就可以得知 A 星的距离就是 B 星的 2 倍，因为恒星视亮度会随着距离的平方衰减。造父变星是一把非常方便的"量天尺"，两位聋哑人——古德里克和莉维特，为天文学家们架起了一道通向宇宙深处的桥梁。

造父变星的亮度为什么会变化呢？美国的沙普利最早领悟到它的实质。造父变星是正步入老年的恒星，体积膨胀得很大，星体开始一胀一缩地脉动，星体的膨胀和收缩，就引起了亮度的增加和减少。（见图 11-2）

盯住远方的球状星团

沙普利志向远大，他想揭示整个宇宙的结构，这需要非常有效的测距手段。沙普利很快意识到，造父变星就是他苦

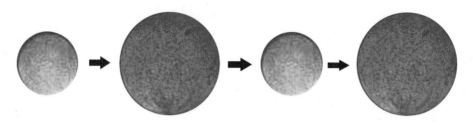

图 11-2 造父变星的变化

苦寻觅的"量天尺"，他要用这把"量天尺"测绘宇宙。

沙普利走进天文学领域相当偶然。他出生在一个非常偏僻的乡村，童年时代虽然曾经对一颗行星感兴趣，但并未持续多长时间。他父亲想培养孩子们仰望星空的兴趣，带他们去看英仙座流星雨。在那个凉爽的夜晚，沙普利躺在毯子上沉沉睡去，飞驰的流星一颗也没有看到。15 岁时沙普利完成了小学五年级学业，然后辍学，在一个小报社当一名犯罪报道记者。20 岁时沙普利读高中，一年后以全校第一名的优异成绩毕业，并代表其余全部两名毕业生在典礼上致辞，接着去密苏里大学哥伦比亚分校读新闻学。

沙普利到达学校时，才震惊地得知新闻学院延期一年开课。他想先学点别的，有一个课程列表供他选择，学科按字母先后顺序排列，沙普利先看到的是考古学（Archaeology），他因为不认识这个单词感到非常羞愧；接下来的天文学

（Astronomy）让他眼睛一亮，就这样便进入到天文界来。

1914 年，29 岁的沙普利以优异成绩从普林斯顿大学博士毕业，来到威尔逊山天文台。这里有一台 60 英寸（1.52 米）的反射镜，沙普利获准可以自由支配它，那是当时全世界威力最大的望远镜，沙普利要用它来揭开银河系结构的奥秘。

沙普利不准备走卡普坦数星星的路子，因为银河系太庞大，恒星数量太多，那是死路一条，他把目光盯向了一种叫球状星团的特殊天体。球状星团是由数十万乃至数百万颗恒星聚集在一起形成的球形集团。全天最亮的球状星团在半人马座——半人马座 ω（NGC 5139），好几百万颗恒星聚集在几百光年的范围内，肉眼看上去却只是一个普通的星点，因为它远在 17,000 光年之外，这是唯一可以用肉眼看到的球状星团。

银河系的球状星团约有 200 多个，在沙普利时代发现了 80 个。沙普利发现，球状星团在天上的分布并不均匀，明显向一个方向汇聚，这方向的中心就在人马座。人马座在夏夜的南方很容易看到，它位于天蝎的尾巴钩后面，星座里较亮的星组成了一个茶壶的形状，银河在人马座那里变得最粗壮。球状星团非常庞大，只分布在银河系某一特殊区域是很奇怪的。相反地，它们很可能均匀地包围着银河系中心。为什么看起来人马座方向最密集呢？沙普利推测，球状星团分布密集的地方，应该是银河系的中心所在，就像一位住在郊区山顶的居民，可以根据街灯最密集的方向来判断城市中心的位置。

沙普利的判断是正确的。接下来他要解决的是更艰巨的问题：银河系中心离我们有多远？银河系究竟有多大？

大银河系

造父变星这把新"量天尺"开始发挥威力。沙普利利用威尔逊山 60 英寸望远镜拍摄了大量球状星团照片，在其中寻找造父变星的光芒。尽管搜寻目标明确，但依然是一项极为单调又耗费岁月的工作，沙普利经历了无数漫漫长夜，他终于得到了多颗造父变星的光变周期，进而测出了一些球状星团的距离。

1918 年，沙普利勾勒出一个宏伟的银河系：一个扁平的盘状体，直径 33 万光年。

沙普利还测定出，银河系球状星团的分布中心位于人马座西边缘，靠近天蝎座和蛇夫座的交界处，这个中心点就是银河系的中心，太阳系距离银河系中心 6.5 万光年（见图 11-3）。如同当年哥白尼把地球从宇宙中心挪开一样，沙普利也把太阳系遣送到了相对偏远的银河系郊区。沙普利同时认为，银河系足够大，它就是整个宇宙，所有天体都位于银河系内。

沙普利得出的银河系尺度数值过大，因为他对造父变星的测算出现了失误，银盘里分布的尘埃也使测量更加困难。

沙普利之后，又经过多年努力，银河系的真实面目才渐渐浮现出来，那是一个无比庞大的恒星帝国。

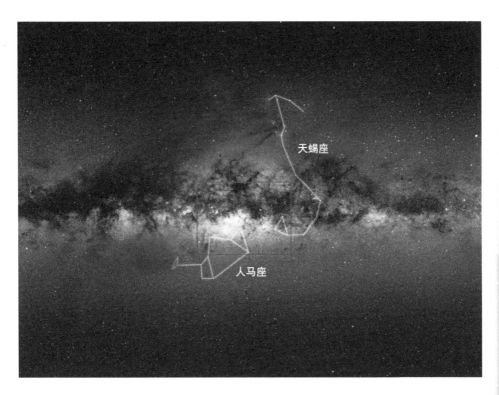

图 11-3　球状星团聚集在人马座、天蝎座附近，暗示出银河系中心就在那里